바로 그릴 수 있는

3시간
투시도 테크닉

야마모토 요우이치 지음 | 정하정 감역 | 신미성 옮김

 성안당

日本 옴사·성안당 공동 출간

바로 그릴 수 있는 3시간 투시도 테크닉

Suguni Egakeru! 3 Jikan Pers Technique

Supervised by Yoichi Yamamoto

Edited by Kenchikushi Gakuin (Registered Architect Academy)

Copyright ⓒ 2008 by Yoichi Yamamoto

Published by Ohmsha, Ltd.

This Korean Language edition co-published by Ohmsha, Ltd. and SEONG AN DANG Publishing Co.

Copyright ⓒ 2015

All rights reserved.

이 책은 Ohmsha와 BM주식회사성안당의 저작권 협약에 의해 공동 출판된 서적으로, BM주식회사성안당 발행인의 서면 동의 없이는 이 책의 어느 부분도 재제본하거나 재생 시스템을 사용한 복제, 보관, 전기적, 기계적 복사, DTP의 도움, 녹음 또는 향후 개발될 어떠한 복제 매체를 통해서도 전용할 수 없습니다.

머리말

투시도 관련 책은 우리 주변에서 흔히 찾아볼 수 있으나 대부분 초보자가 그리기 힘든 고도의 기법을 다룬 책이 많다. 이 책들은 학습서를 겸하거나 투시도 전문사무실의 작품집 또는 전문가를 위한 전문 책이기 때문이다. 또한 투시도를 완성하기까지는 긴 시간을 투여해야 하는 본격적인 작업으로 초보자의 경우 실제 작업하다 보면 책처럼 잘 그려지지 않는 경우가 많다.

이러한 고도의 기술이 요구된 전문가의 투시도는 여러 분야에서 중요한 역할을 하고 있으나 완성되기까지는 꽤 많은 시간과 비용이 들어가기 때문에 가볍게 외주로 처리할 수 없는 것이 현실이다. 또한 투시도 전문가에게 맡길 수 없는 투시도도 있다.

건축설계자나 실내장식가, 실내장식 관련 업자가 일하는 틈틈이 또는 야근 3시간 정도로 그릴 수 있는 간단 투시도가 실무에서는 도움이 된다.

여러분은 투시도 전문가가 아니기 때문에 좀 부족해도 큰 문제가 되지 않으며 그로 인해 불만(claim)이 발생되는 것도 아니다. 대부분의 고객은 도면보다 투시도가 보기 쉬워 좋아하기 때문에 회사에서 인정받게 될 수도 있다. 처음에는 두려움으로 시작했던 투시도가 점점 자연스럽고 능숙해지면 회사에서도 존재감이 두드러지고 투시도를 그려달라는 부탁이 늘어 즐거운 비명을 지르는 바쁜 나날이 되기를 기대해 본다.

끝으로, 이 책에서 다룬 제재의 대부분은 이미 출간된 〈스케치 퍼스 착색기법〉과 〈투시도 교실〉에 기재된 것들로 밑그림 자체를 어떻게 그려야 하는지 모르는 분들은 〈투시도 교실〉을 참고해 밑그림 및 단색 투시도를 배우기 바랍니다.

야마모토 요우이치

차례

1장 투시도란?

- 1-1 투시도란 원근법이다 002
- 1-2 투시도의 용도와 기법 004
- 1-3 투시도의 2가지 작성과정 006
- 1-4 3시간 투시도의 완성 008
- 1-5 3시간 투시도의 도구 010
- 여기까지 그리려면 시간이 걸린다 007
- **카페 테라스** '3시간 안에 얼마나 그릴 수 있을까?' 012

2장 3시간 투시도의 기본

- 2-1 1소점 투시도와 정사각형 격자 늘리기 014
- 2-2 3시간 투시도의 단계별 설명(예 : 테니스 전문점) 022
- 정사각형을 늘리는 방법 021
- **카페 테라스** '디자이너와 투시도' 028

3장 3시간 투시도와 실제 사례

- 3-1 주택의 화장실(연필 마무리) 030
- 3-2 주택의 침실(색연필 마무리) 034
- 3-3 원룸 형태의 아파트 040
- 3-4 3시간 투시도의 예 044
- 3-5 등축(등각)도법으로 그리는 방법 054
- 3-6 간이도법에 의한 부분도 058
- 다실 건축과 각 방의 명칭 039
- 다다미방 표현의 주요 포인트 039
- 채색할 때 주의할 사항 057
- 노트에 그려내는 빠르고 간단한 투시도 061
- **카페 테라스** '3차원 그래픽 투시도의 관계' 062

4장　빠른 스케치 외관 투시도

- 4-1 등축(등각)도법(isometric)으로 외관을 그린다　064
- 4-2 2소점 투시도 그리는 방법　066
- 4-3 외관 투시도 마무리하는 방법　068
- 4-4 외관 투시도의 완성 예　070
- 4-5 빠른 스케치 외관 구조 투시도　076
  - 지붕의 결합구조와 명칭　078
  - 지붕 덮개 재료　078

5장　투시도의 완성을 결정하는 기교 모음

- 5-1 창호(창문, 출입문)를 그리는 방법　080
- 5-2 가구와 질감묘사　082
- 5-3 유리가구와 바닥재(flooring) 그리는 방법　084
- 5-4 자동차를 그리는 방법　086
- 5-5 도로와 인물을 그리는 방법　090
- 5-6 수목을 그리는 방법　092
- 5-7 음영　086
- 5-8 거울면의 상태　100
  - 플라스틱 마루나 화광암　085
  - 카페 테라스 '만화와 투시도'　102

6장　투시도를 잘 사용하는 방법

- 6-1 평면도를 회화식으로 가공한다　104
- 6-2 평면도와 투시도의 조합 : 실제 사례집　106
  - 카페 테라스 '투시도와 이미지 정착 이야기'　112

7장　단시간에 투시도를 정복하다

- 7-1 질감과 음영으로 현실감을 높인다　114
- 7-2 합성사진을 투시도로 활용　116
- 7-3 컴퓨터 그래픽과 투시도 기술　118

마무리　120

 투시도란?

이 책에서 다루는 3시간 투시도란? 단, 3시간 만에 완성할 수 있다는 것일까?
이 책에서는 3시간 만에 빠르게 투시도를 작업할 수 있는 방법을 소개한다. 우선 구체적인 투시도를 그리는 방법을 설명하기 전에 먼저 투시도에 대한 기초 지식을 익혀보고, 재료나 제도 도구를 선택하는 방법과 사용법, 투시도의 의미와 용도(쓰임)에 대해 새롭게 해설했다. 쉽게 표현해 1장은 학교에 비유하면 수업 시작 전 간단한 테스트 정도에 해당한다.

Chapter 01

1-1 투시도란 원근법이다

● 투시도란?

　투시도라는 용어는 영어의 'Perspective'에서 유래되었는데, 사전적인 의미는 '투시도', '원근법', 또는 '전체적으로 사물을 파악하는 능력'으로 미국에서는 이를 '건축 렌더링'이라고도 한다.
　투시도는 오랜 역사를 갖고 있으며 르네상스 시대 서양의 화가들이 이 기법을 도입해 그림을 그렸다고 한다.
　투시도로는 미국의 유명 건축가인 프랭크 로이드 라이트(Frank Lloyd Wright)의 색연필 투시도가 그 대표적인 작품이다.

● 투시도의 종류

　투시도란 소점(Vanishing Point : VP)의 수에 따라 1소점 투시도, 2소점 투시도, 3소점 투시도로 나뉜다.
　3소점 투시도는 고층빌딩을 밑에서 올려다보거나, 상공에서 빌딩을 내려다보는 특수한 기법이므로 실무에서는 주로 1소점 투시도와 2소점 투시도를 사용한다.
　건축물의 외관을 그릴 때는 2소점 투시도, 옥내를 그릴 때는 1소점 투시도를 주로 사용하며 옥외도 부분투시도의 경우에는 1소점 투시도로 그리기도 한다. 2소점 투시도에 비해 1소점 투시도는 소점이 하나여서 그만큼 빨리 그릴 수 있기 때문에 디자이너나 건축사, 현장감독들이 일하는 짬짬이 그리기에 좋은 기법이다.

● 기타 기법 : 등축(등각)도법, 간이화법, 평면의 회화화

　그 외, '등축(등각)도법'이나 '스피드 화법' 등이 있는데, 알아두면 설계나 디자인, 가구제작과 같은 실무 작업에 유용하다. 이 책에서는 이 기법들도 설명한다.

Chapter 01

● 1소점 투시도법 사진

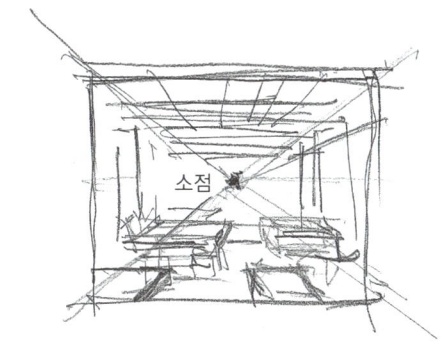

안길이의 선이 하나의 소점을 향하고 있다. 좌우 방향이 평행선이기 때문에 평행 투시도라고도 한다.

● 2소점 투시도법 사진

건물을 구성하는 벽면이 2개의 소점을 향해 있다는 것을 알 수 있다. 건물의 외관을 그릴 때 주로 사용하는 기법이다.

● 3소점 투시도법의 사진

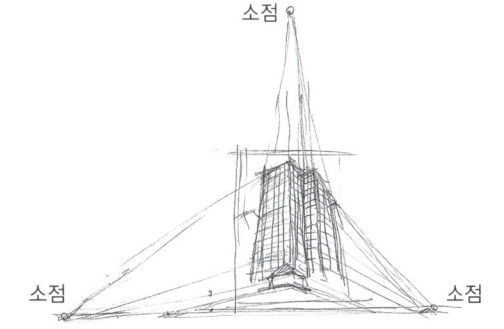

2소점 투시도의 높이 방향에 1소점을 추가하면, 가장 효과적으로 거리감을 표현할 수 있는 특수한 표현기법이다.

1-1. 투시도란 원근법이다

Chapter 01

1-2 투시도의 용도와 기법

투시도는 건축 실무 분야에서 다방면으로 사용되고 있다. 그 용도를 크게 분류하면 다음과 같이 나눠지지만 실제로 이와 같이 4가지의 이용형태로 명확하게 분류되는 것이 아니라 몇 가지를 겸하는 경우가 많다.

1 발표(presentation)용

일을 수주하기 위해 실제 현장에서 사용하는 영업용이라고 할 수 있다. 따라서 투시도 전문가에게 의뢰를 하게 되는데 최근에는 높은 현실성(reality)을 추구해 손으로 그리는 투시도보다 컴퓨터 그래픽(computer graphic)이 주류를 이루고 있다. 현실감을 더할수록 제작하는 데 시간이 많이 소요되고 비용도 상승한다. 이런 비용의 추가로 투시도 전문가에게 외주를 주기 어려운 경우가 많은데, 이때 이 책에서 다루는 3시간 투시도가 필요하게 된다.

자주 사용되는 기법 : 2소점 투시도, 컴퓨터 그래픽스(computer graphics)

2 디자인 검토용

설계 단계에서 디자인을 검토할 때도 사용된다. 디자이너가 직접 그리고 쓸만하다고 판단될 때는 그 투시도를 그대로 고객(건축주)에게 보여주기도 한다. 건축적으로 복잡한 공간의 경우 전문가라도 도면으로는 알아보기 어렵기 때문에 직접 등축(등각)도법(isometric) 등을 작업해 디자인을 검토하는 경우도 있다. 그러므로 투시도를 그릴 수 있는 설계자나 디자이너는 매우 중요한 존재라고 할 수 있다.

사용하는 투시도 기법 1소점 투시도 :

1소점 투시도, 등축(등각)도법(isometric), 스케치 등

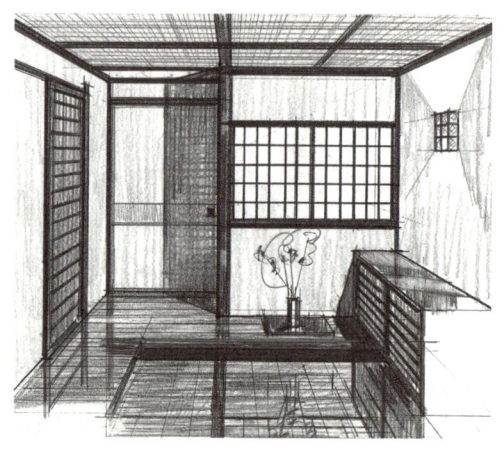

3 현장이나 가구의 제작 지시용

건축물은 설계도로 공간을 표현하기 때문에 도면 작성은 설계자나 인테리어 디자이너의 중요한 업무이나, 도면상으로는 설명할 수 없는 부분을 간단한 그림으로 표현하는 경우가 많다. 현장에서 설명용으로 사용하거나 가구 제작용으로 사용하는 경우도 있다.

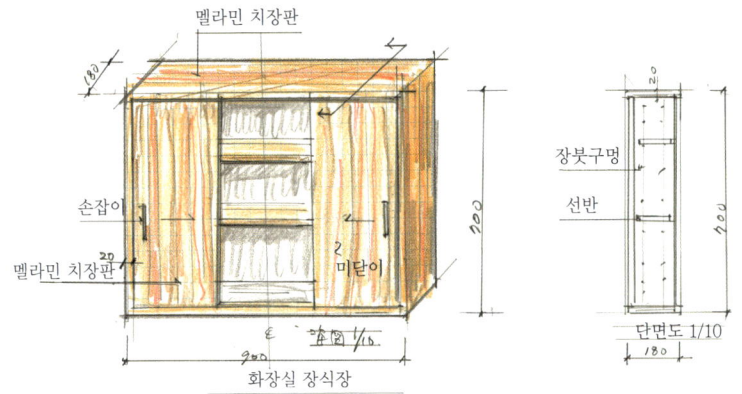

사용하는 투시도 기법 :
1소점 투시도, 등축(등각)도법(isometric), 간이도법 등

4 공간 설명용

바닥의 구성을 한눈에 알 수 있어 대형 가전제품 판매점이나 스포츠센터의 바닥과 공간구성을 설명할 때, 주택전시관에서 방의 배치도를 설명할 때도 사용된다.

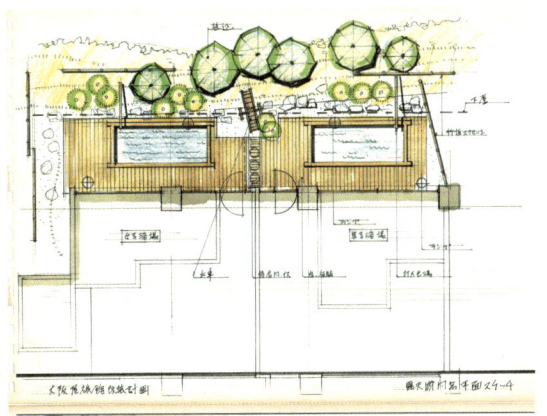

사용하는 투시도 기법 :
등축(등각)도법(isometric), 회화 느낌의 평면도, 배치도 등

Chapter 01

1-3 투시도의 2가지 작성과정

투시도 제작과정은 [그림 1]과 같은 제도 작업과 채색으로 마무리하는 [그림 2] 과정으로 나뉜다. [그림 2]의 마무리 과정은 회화적인 기교(technique)가 가미되기 때문에 이 단계에서 투시도의 성공 여부가 결정된다. 또한 여기서 상세한 표현을 하면 할수록 시간이 소요되는 것이 투시도 제작과정의 특징이다.

● A 도법에 의한 밑그림 그리기 과정

제도 기법으로 그린 투시도이기 때문에 여기까지는 그림에 대한 지식이 없어도 그릴 수 있으며 누가 그려도 비슷한 선화(線畵)가 된다.

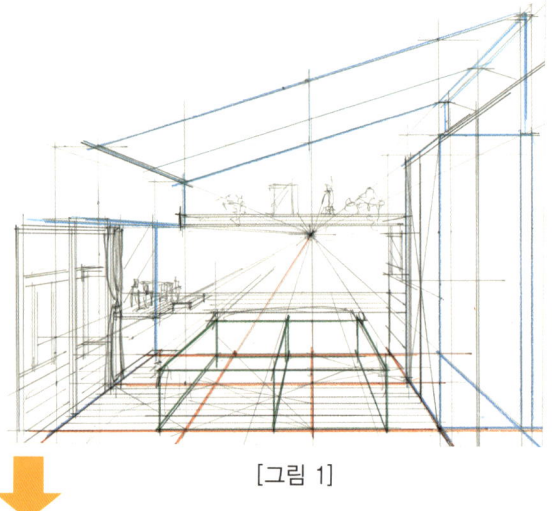

[그림 1]

● B 밑그림을 투시도로 완성시키는 과정

[그림 1]의 상태는 다른 사람에게 보여주는 단계는 아니다. [그림 2]는 단선으로 선을 정리하고 색연필로 채색해 완성한 것이다. 이 과정은 음영이나 거울의 표면, 질감 기교(technique) 등이 들어가기 때문에 초보자의 경우는 이 과정을 간단히 마무리하는 것이 3시간 투시도 작성의 요점(point) 이다.

[그림 2]

Chapter 01

● 색연필로 표현하는 외관 투시도

 외관 투시도는 그려야 하는 선이 많아 3시간 만에 완성하는 것은 무리이고, 휴일에 출근을 하거나 하루를 투시도 그리는 데 집중해야 완성할 수 있다. 이와 같은 외관 투시도 역시 색연필로 간단하게 채색해 마무리할 수 있는 것이 이 3시간 투시도의 요점이다.

 색연필로 간단히 마무리한 것이지만 일단 이 단계까지 완성되면 준공 후 어떤 건축물이 될지 미리 예상할 수 있고 고객(건축주)의 입장에서는 도면으로는 알 수 없는 것을 투시도로 볼 수 있어 기뻐할 것이다. 빠른 시간 내에 뚝딱 그려내는 것이 기본이다.

여기까지 그리려면 시간이 걸린다.

 건축 재료에 재질감과 음영을 넣어 보다 사실적으로 표현했다. 이 정도는 3시간에서 반나절 정도로 완성하기에는 무리인 작업량이 될 수 있으며 회화기법도 배워야 할 수 있는 일이다. 다음에는 이 정도의 수준을 목표로 삼고, 우선 처음에는 [그림 2]까지 그려보자.

1-3. 투시도의 2가지 작성과정

1-4 3시간 투시도의 완성

여기서는 3시간 정도로 표현 가능한 방법을 설명한다.

⊙ A 단선도를 완성한다.

단선도 중 가장 간단한 투시도이며 투시도로서는 단시간에 표현할 수 있는 기법이기도 하다. 이 화장실 투시도는 표현하는 공간이 넓지 않아 단시간에 완성할 수 있다. 간단한 개·보수(remodeling)를 위한 투시도라면 그림처럼 완성하는 것도 하나의 기법이다.

⊙ B 단선도에 질감과 음영을 덧그려 완성한다.

음영과 재질감 표현이 더해져 단선도보다는 밀도가 높은 투시도이지만 색은 입히지 않았다. 익숙해지면 이것도 단시간에 완성시킬 수 있는 편리한 기법이다.

● C 색연필 담채 마무리

단선도로 완성한 그림에 색연필로 색을 입히고 음영을 표현한 투시도이다.
이 책에서 가장 추천하는 기법이기도 하다.

● D 유성마커와 색연필 마무리

위 투시도의 색연필 대신 유성마커와 일부분에 색연필로 음영을 넣고 마룻바닥에 비친 반사를
더해 재질을 표현한 투시도이다.

Chapter 01

1-5 3시간 투시도의 도구

투시도를 그리는 도구로는, 밑그림을 빠르고 정확하게 그리기 위한 '제도 용구'와 밑그림을 마무리하는 '그림 도구'가 필요하다. 보통 투시도에서는 불투명수채화나 투명 수채화처럼 물을 이용한 화구가 주로 사용되지만, 책상 위에 있는 중요한 도면을 더럽힐 수도 있고 말리는 데 시간이 걸리기 때문에 이 책에서는 대부분 마른(dry) 계열의 화구를 사용한다.

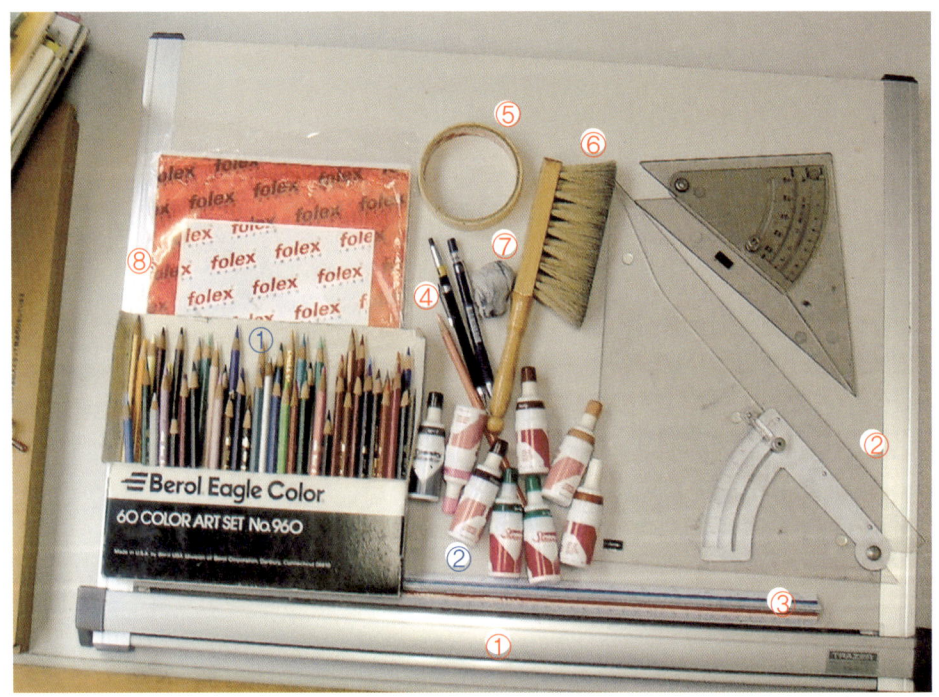

● 제도 도구

① 평행자 세트

평면도에서 점을 취해 투시도를 그리는 데는 사진과 같은 A2 크기의 평행자가 부착된 제도판이 있으면 정확한 도면을 그릴 수 있어 편리하다.
현재 몇몇 회사제품이 나와 있는데, 성능은 거의 동일하다.

② 삼각자

이것은 자에 손잡이가 있어 각도를 자유자재로 조절할 수 있기 때문에 등축(등각)도법(isometric)을 그릴 경우에는 꼭 필요하며, 크기(size)는 대·중·소가 있는데 사용 빈도수 면에서 큰 크기의 삼각자를 사용하면 편리하다.

③ 삼각 스케일

1/100, 1/200, 1/300, 1/400, 1/500, 1/600의 표시자가 있는데 실내 투시도에서는 1/10, 1/20, 1/30로 바꾸어 사용하며 투시도 밑그림을 그릴 때 사용한다. 건축용과 토목용이 있는데 건축용을 구매해야 한다.

④ 제도 연필

HB 0.5mm를 추천하고 제도펜은 심의 끝이 길어 자와 사용하기에 편리하게 되어 있으며, 펜텔 제도펜이 저렴하고 가벼워 사용하기 편리하다.

⑤ 제도용(drafting) 테이프

종이를 제도판에 붙일 경우, 붙였다가 쉽게 뗄 수 있도록 적당한 접착력이 있다. 사진은 스미토모 쓰리엠 스카치 제도용 테이프로 기능이 좋은 상품이다.

⑥ 제도용 솔(brush)

지우개 찌꺼기를 쓸어낼 때 사용한다.

⑦ 반죽 지우개

하나 있으면 유용하게 쓸 수 있다. 화방에서 구할 수 있다.

⑧ 트레이싱페이퍼(tracing paper)

종이의 투명도가 몇 단계로 나뉘어 있는데 너무 투명해도 사용하기 불편하고 반대로 불투명해도 밑그림을 보기 어렵다. 트레이싱페이퍼는 습도에 약하므로 보관에 신경을 써야 한다.

● 그림 도구

① 색연필

색연필은 10개 정도의 제품이 판매되고 있지만 사용하기 편리한 면에서는 배롤사의 이글 컬러를 추천한다. 덧그리기에 좋아 많은 디자이너가 애용하고 있다. 현재는 샌포드사의 프리즈마 컬러로 이름이 바뀌있으며 색의 구성은 기존과 같다. 색상 수는 48색 또는 72색 세트 정도가 사용하기 좋다. 다른 추천상품으로는 카스텔사의 폴리크로모스 역시 사용하기 편리하다.

② 유성마커

수성이 아닌 유성이다. 예전부터 코픽사의 제품이 많이 애용되어 왔으나 전문가용으로 가격이 비싼 편이고, 물감처럼 색을 섞어서 쓸 수 없기 때문에 72색 정도가 사용하기 편리하나 상당히 비싼 편이므로 처음에는 색연필로 연습하는 것을 추천한다.

Chapter 01

3시간 안에 얼마나 그릴 수 있을까?

아래 도면은 2급 건축사의 설계제도시험에 나오는 도면이다.

총 시험시간은 4시간 반이지만 그리기만 하는 것이 아니라 설계(계획; planning)하는 시간도 포함된 것이기 때문에 실제로 그려내는 시간은 3시간 남짓이다. 이 책에서 다루고 있는 3시간 투시도와 거의 같은 시간이라 할 수 있다. 이 도면을 3시간 이내에 그리는 것은 쉽지 않은 일이지만 2급 건축사시험 합격자는 그려낸다. 이 책에서도 3시간 투시도를 다루기 때문에 독자 여러분에게 같은 작업시간이라는 점에서 작업량을 비교하기 위해 그림을 제시했다. 3시간 정도의 작업시간으로도 상세한 도면을 완성할 수 있는 것이다.

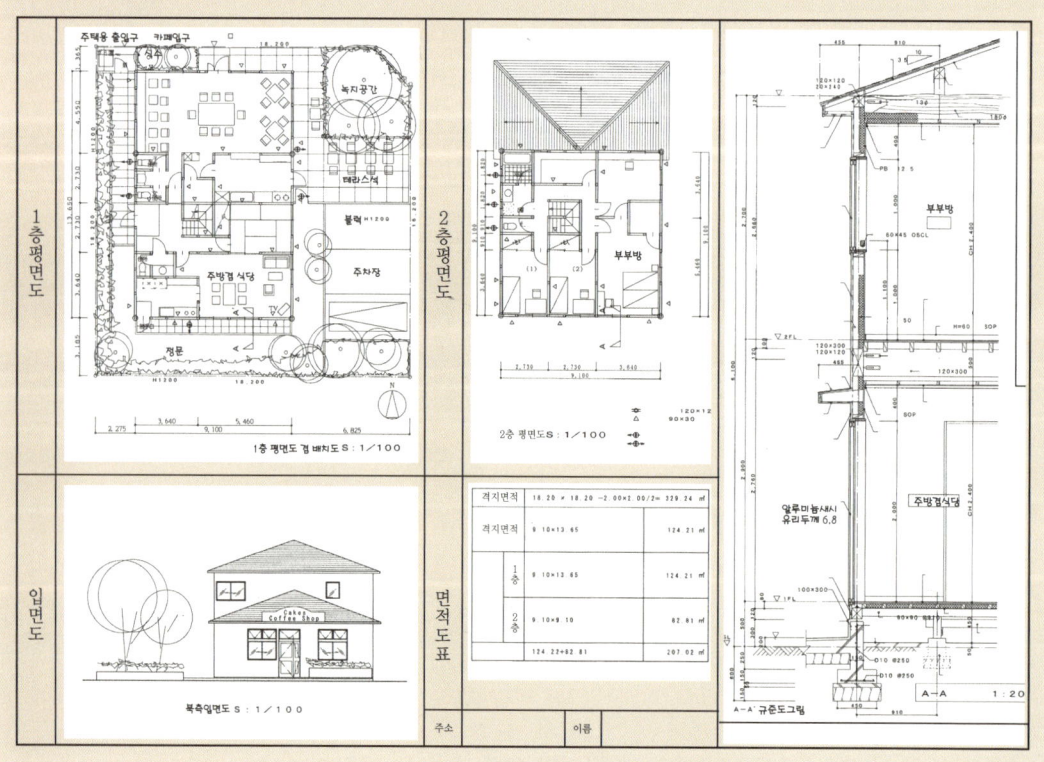

2장 3시간 투시도의 기본

3시간 투시도에 가장 적합한 1소점 투시도(평행 투시도법) 그리는 방법을 알아보자. 평면도와 전개도에 정확한 투시도상의 점을 취해 정확도가 높은 투시도를 완성한다. 이 책에서 배우는 투시도법은 건물을 설계할 때나 개·보수(remodeling)를 할 때 고객을 설득하는 데 많은 도움이 된다. 3시간 투시도라고 하면 시간이 부족할 것 같지만, 그리는 대상에 따라서는 시간 내에 충분히 그려낼 수 있다. 작은 테니스 전문점을 예로 투시도를 그리는 흐름을 설명해 보겠다.

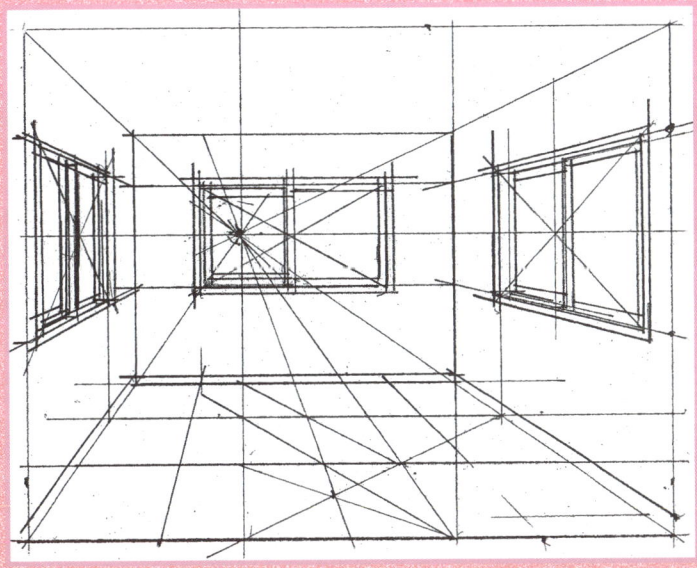

Chapter 02

2-1 1소점 투시도와 정사각형 격자 늘리기

　1소점 투시도를 그리는 방법은 몇 가지가 있지만, 이 책에서는 절단면의 폭과 높이 수치를 정확하게 측정하는 방법을 이용한다. 안길이 방향의 치수는 평면도에 정사각형의 격자(grid)를 그리고 투시도상에 만든 정사각형 격자와 연결하면서 안길이를 정한다. 이 방법이 책에서 다루는 1소점 투시도를 그리는 기법이다. 이 책에서 다루는 실내투시도는 모두 이 기법으로 그렸고 필자의 경험상 실무에 맞는 정확한 기법이라는 생각이 든다. 여기서는 알기 쉽게 작업 단계를 설명해 보겠다.

● 평면도와 높이를 알 수 있는 전개도를 준비한다.

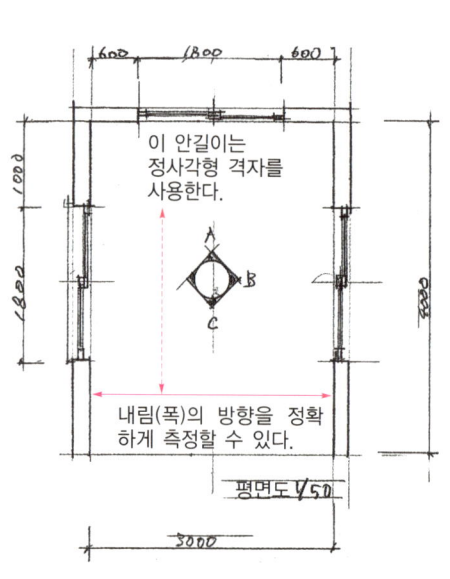

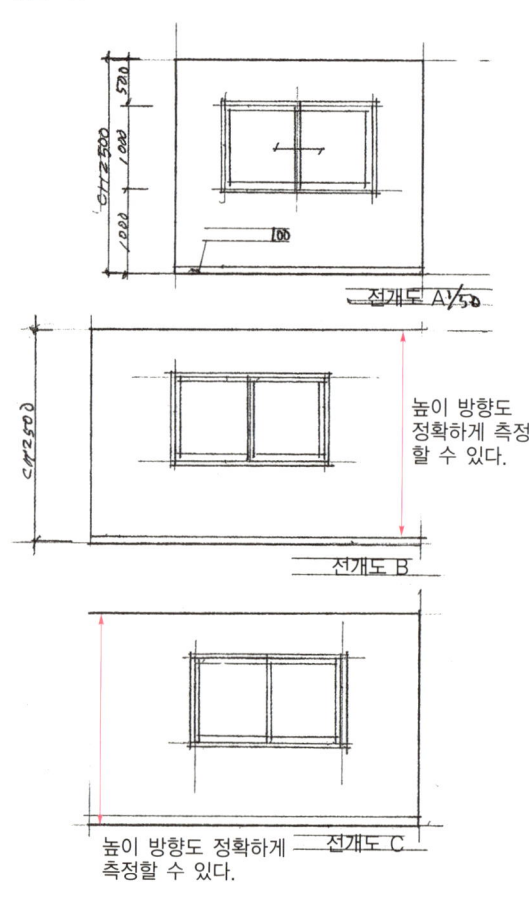

- 평면도는 평면적인 위치 관계를 산출하는 데 필요하다.
- 전개도는 주로 높이 관계를 알기 위해 필요하다.

Chapter 02

 평면에 정사각형 격자를 그리고 자신이 서서 볼 곳을 정한다.

1. 정사각형 격자(grid)를 안쪽 벽면부터 그리고 정사각형의 치수는 1m로 한다. 이때 0, 1, 2, 3, A, B, C, D 등의 부호를 기록해 두면 편리하다.
2. 정점(standing position : SP)을 설정한다.
   여기서는 3과 C의 교차점에 서서 건물의 내부를 바라보는 것으로 한다. 이때 눈높이를 정하는데, 눈높이는 자유롭게 정해도 된다. 여기서는 선 자세에서 자연스럽게 보이는 투시도이므로 사람의 눈높이인 1.5m로 정했다.

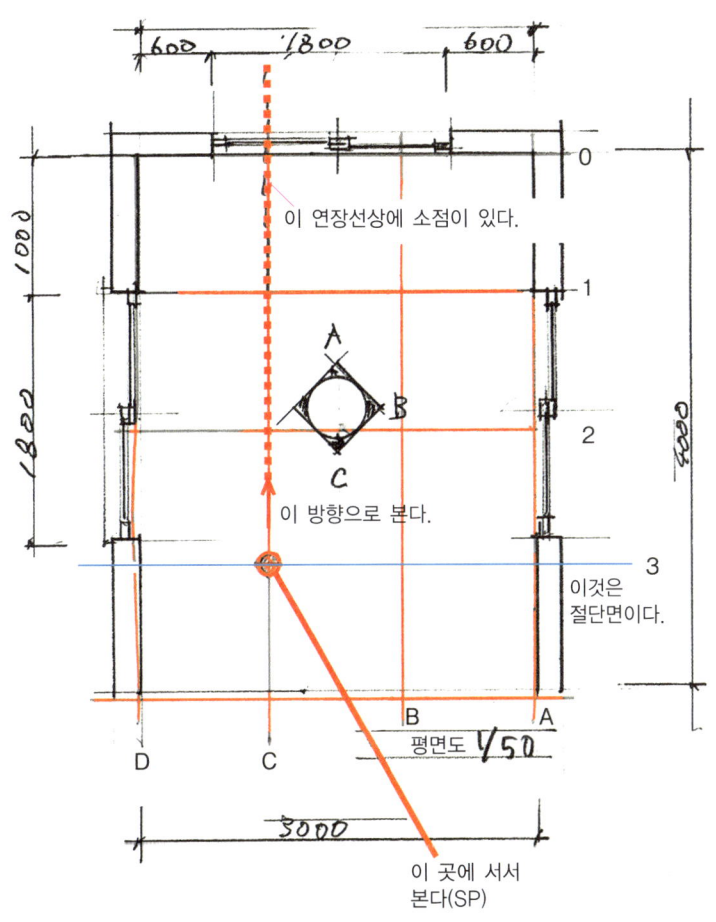

 눈높이 : 아이 레벨(eye level : 표준적인 관점). EL로 쓰는 경우가 많다.
정점 : 스텐딩 포지션(standing position). SP로 쓰는 경우가 많다.

2-1. 1소점 투시도와 정사각형 격자 늘리기 ■ 15

Chapter 02

 정점에서 단면 테두리를 그려 안쪽을 바라본다.
1. 서 있는 장소의 단면 테두리(frame)를 그린다(평면도의 절단면이다).
2. 눈높이의 선(EL)을 그린다. 정점과 눈높이가 교차하는 점이 소점(VP)이다.
3. VP를 향해 방의 네 귀퉁이(A, D, 천장과 벽의 선)로부터 선을 긋는다.

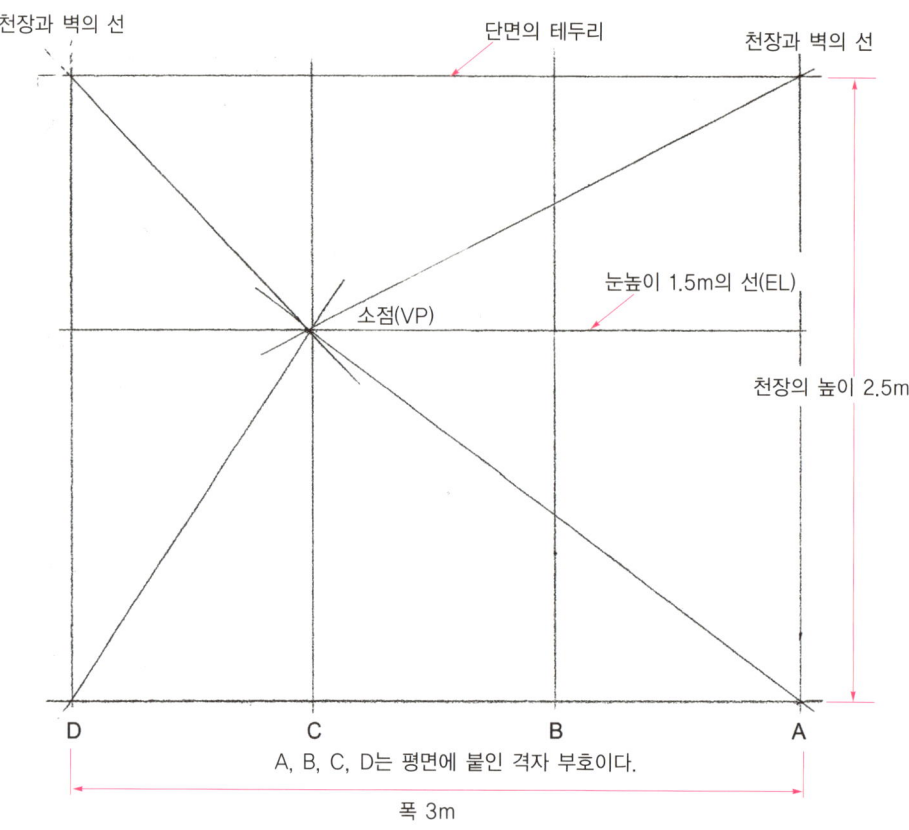

(주) 1/30의 축척이지만 이 책에서는 지면 사정상 축소했다.

 소점 : 배니싱 포인트(vanishing point). VP로 표기한다.

Chapter 02

 마루의 정사각형을 늘려, 화면의 안길이를 결정한다.

1. 안길이를 결정하기 위해 마루에 정사각형을 그린다. 바로 앞에서부터 정사각형을 그리기 시작하지만, 이때 B, C, E, F로 둘러싸인 테두리가 마치 정사각형으로 보이는 듯한 곳에 수평선 2를 그린다.
2. 화면의 안쪽을 향해 정사각형을 늘리고, 정사각형은 평면도의 격자(grid)를 따라 서 있는 장소부터 안쪽을 향해 3개를 만든다. 이렇게 하면 방의 안쪽 벽이 결정된다.

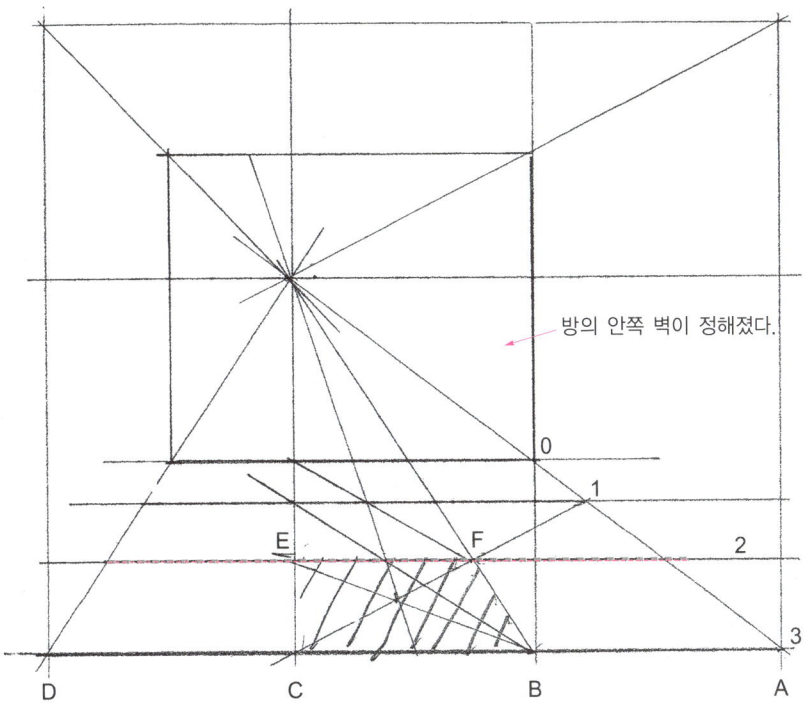

정사각형을 늘리는 방법은 21page에서 설명한다.

 주 : 여기서 공간에 안길이가 부족할 경우 맨 처음의 정사각형 모양을 약간 길게 하고, 반대로 안길이를 좁힐 경우에는 정사각형의 높이를 낮추어 조정한다 (카메라의 광각렌즈와 망원렌즈의 관계와 같다).

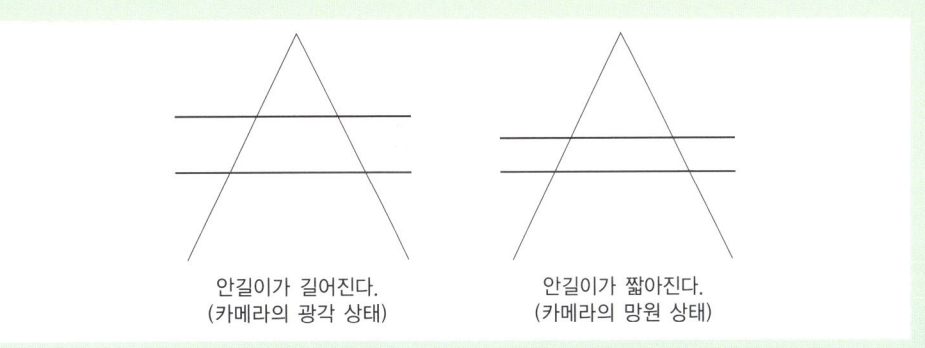

2-1. 1소점 투시도와 정사각형 격자 늘이기

Chapter 02

 창의 높이를 구한다.

1. 창의 하단이 바닥에서부터 1m이고 창의 높이도 1m이므로 단면 테두리를 사용해 실제로 측정한다((가), (나)). 이들 점에서 VP를 향해 (다), (라) 선을 그리면 새시의 위, 아래 선이 정해진다. 안길이 방향은 실제로 측정할 수 없기 때문에 바닥에 그린 정사각형을 기준으로 위치를 찾아낸다.

2. 정면의 안쪽 창은, 절단면에 좌우 방면의 위치를 그리고, VP를 향해 (마), (바) 선을 그어 안쪽의 벽에 닿는 부분에서 위로 올린다.

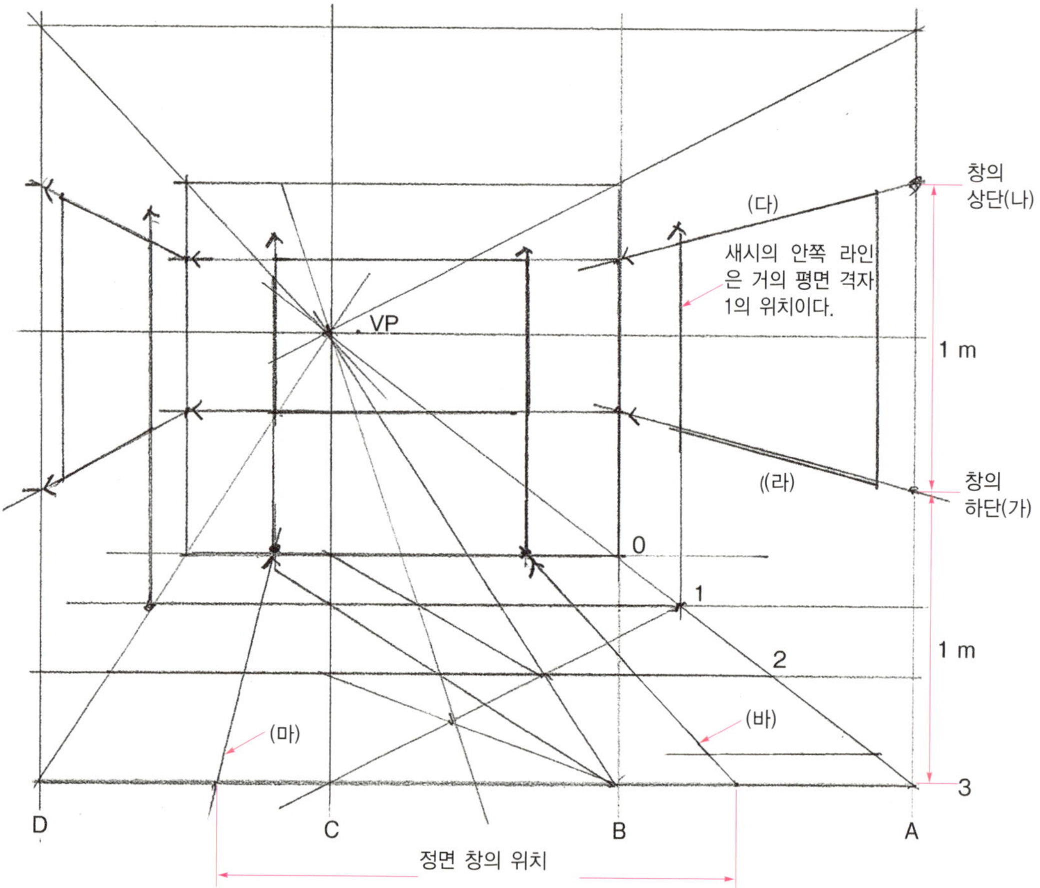

*창의 높이가 방 벽을 한바퀴 돈다.

Chapter 02

 세부사항을 그린다.

1. 창에는 창틀이 필요하고, 미닫이문의 경우 창틀을 정확하게 그리면 더 현실감 있는 표현을 할 수 있다. 자세한 내용은 80page를 참고하기 바란다(이 상태는 대략적인 실내공간을 그린 것이나 이것은 밑그림일 뿐 남에게 보이기에는 불충분하다).

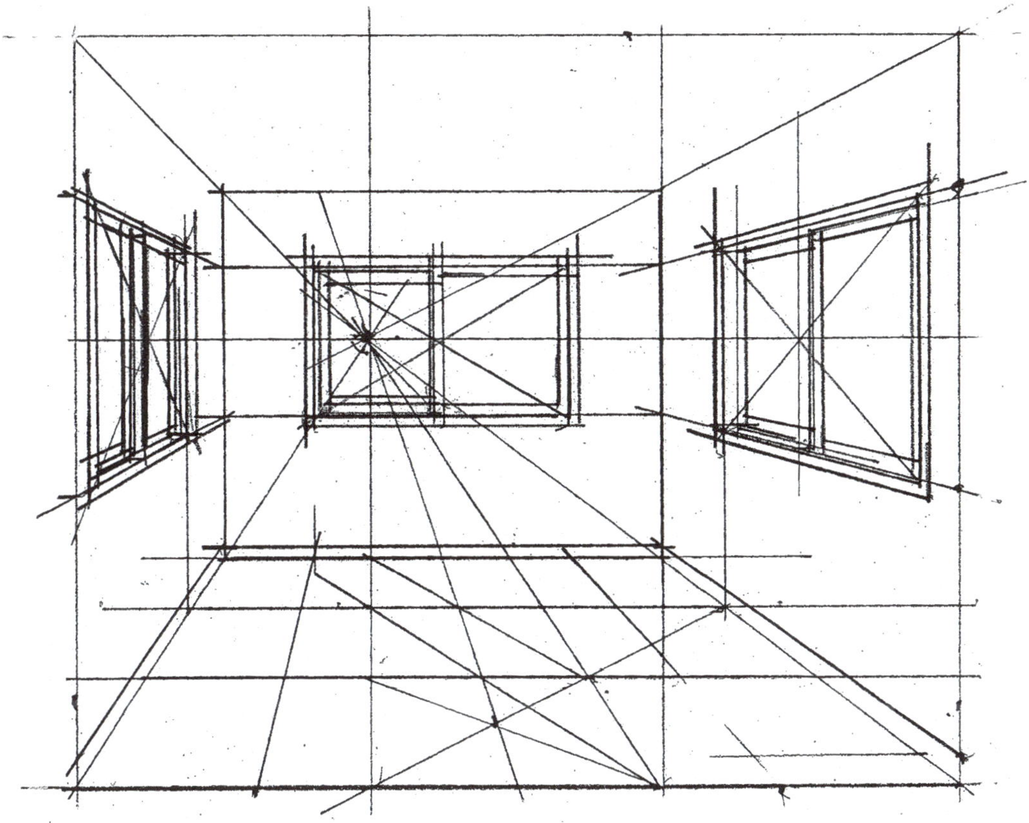

2-1. 1소점 투시도와 정사각형 격자 늘리기

Chapter 02

 본을 떠서 완성한다.

단계 5 상태에서는 선이 복잡해 잘 알 수 없으므로 정리하거나 트레이싱페이퍼(tracing paper)를 올려놓고 본을 떠서 이 상태로 만든다.
여기까지는 20분이면 충분히 그릴 수 있다.

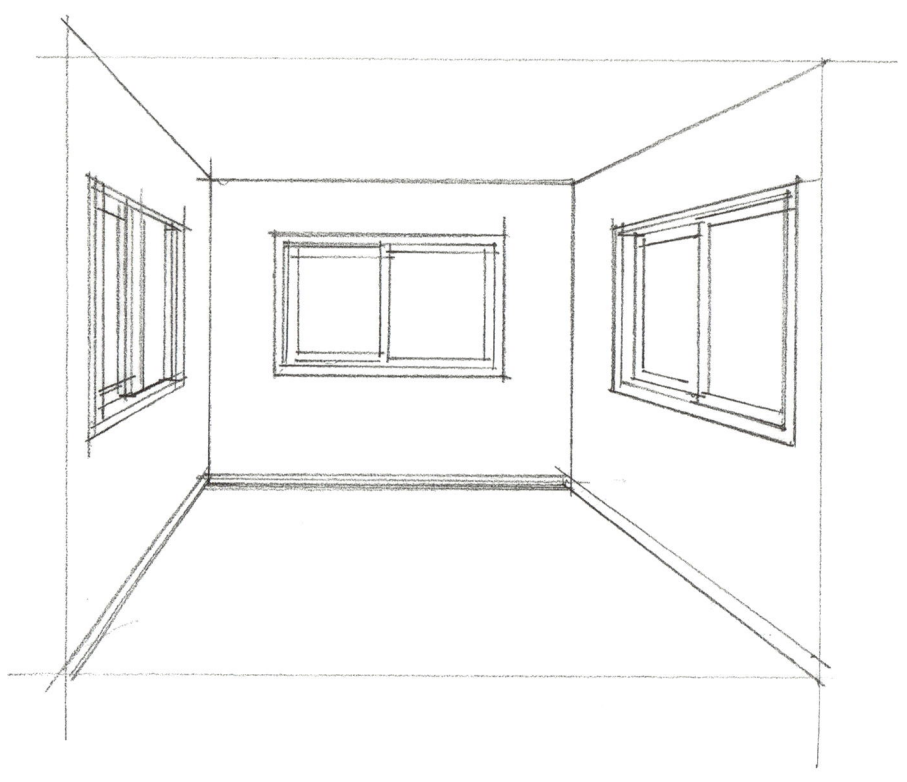

 여기에 가구를 그리고 색연필로 채색하면 투시도가 완성된다.

Chapter 02

 정사각형을 늘리는 방법

투시도에 안길이를 넓힐 수 있다. 다음은 이 정사각형을 늘리는 방법에 대한 설명이다.

 정사각형으로 보이는 A, B, C, D에 둘러싸여 있는 부분에 (2)의 선을 긋는다. 대각선을 그으면 정사각형의 중심 Z를 알 수 있는데, 중심선 (center line : CL)을 VP를 향하여 그린다.

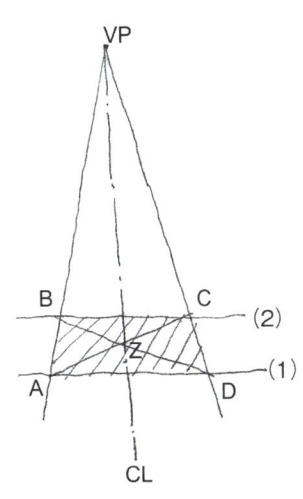

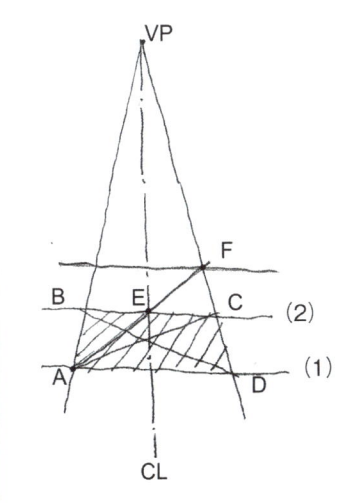

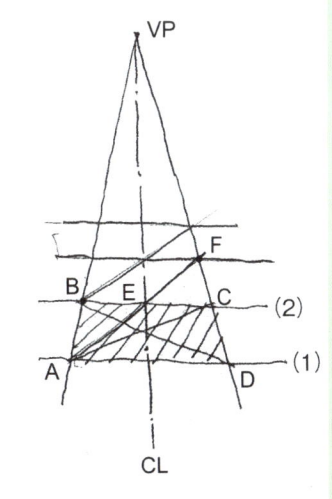

단계 ❷ A점과 E점을 연결한 연장 선상의 교차점 F가 정해지고 정사각형이 늘어난다.

 같은 작업을 반복해 정사각형을 더욱 늘린다(필요한 만큼 정사각형을 늘리면 된다).

2-1. 1소점 투시도와 정사각형 격자 늘리기 ■ 21

Chapter 02

2-2 3시간 투시도의 단계별 설명(예 : 테니스 전문점)

테니스 전문점의 투시도이다. 이것을 이해했다면 투시도 연습의 절반은 끝난 셈이며, 가구의 치수나 우물천장 등 실제 투시도 작성에 필요한 테크닉을 연습한다. 이 테니스 전문점은 어느 리조트 호텔에 실제로 시공한 것으로 이 단계까지 그릴 수 있다면 간단히 수리하거나 개축하는 데에도 응용할 수 있을 것이다.

● 평면도에서의 사전 준비

평면에 파선으로 격자(grid)를 그리고, 그 격자에 명칭을 붙이며, 정점(SP)을 정하고 눈높이를 정한다. 그리고 정점(SP) 위치가 단면도(단면 테두리) 위치가 되게 한다. 그림에서는 격자를 1m로 정하고 점선으로 그렸다. 안길이를 정하는 0은 가장 안쪽에 있는 벽면을 기점으로 했다.

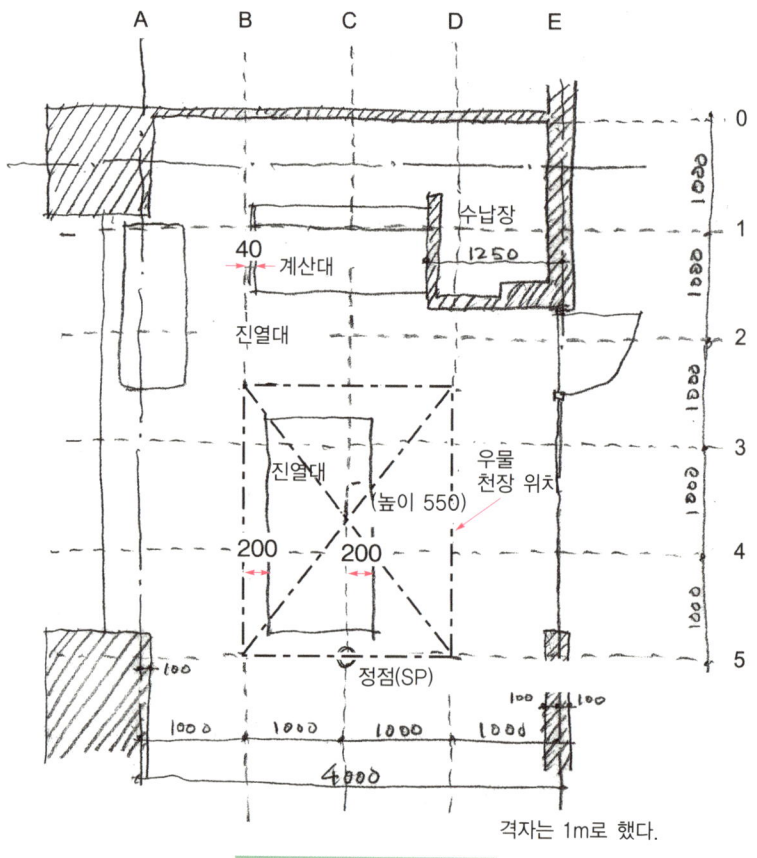

격자는 1m로 했다.

천장의 높이는 2.7m로 한다.

Chapter 02

 정점(SP)의 단면 테두리와 격자를 그린다.

1. 바닥에 격자(grid)를 그린다(부호를 붙이면 알아보기 쉽다).
2. 안벽을 정한다.
3. 오른쪽의 제품 수납장 벽을 그린다.

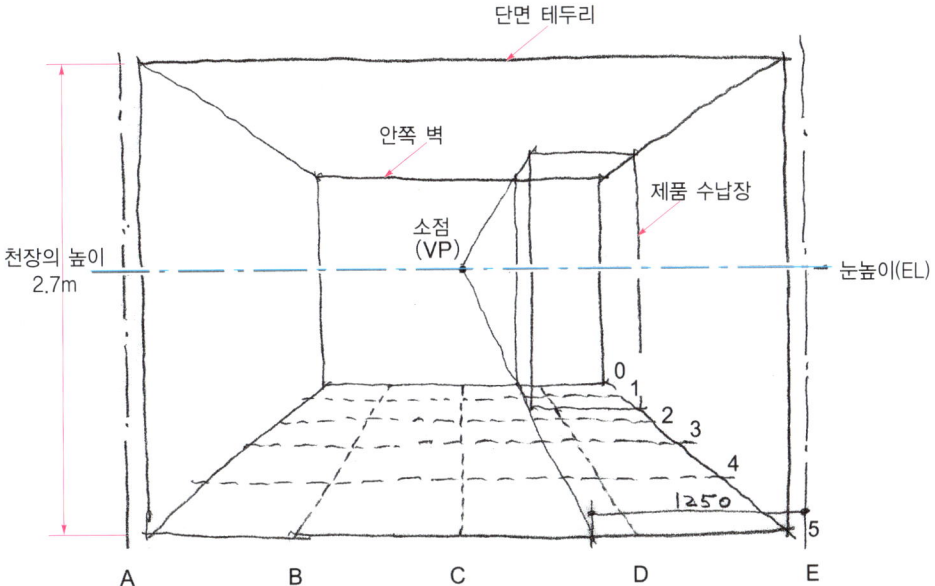

 안쪽 계산대를 그린다.

1. 안쪽 계산대를 그린다.
2. 계산대의 높이를 앞쪽에서 측정한 다음 VP와 연결한다. 이처럼 안쪽 가구의 높이는 앞쪽의 단면 테두리를 이용하여 치수를 정한다.

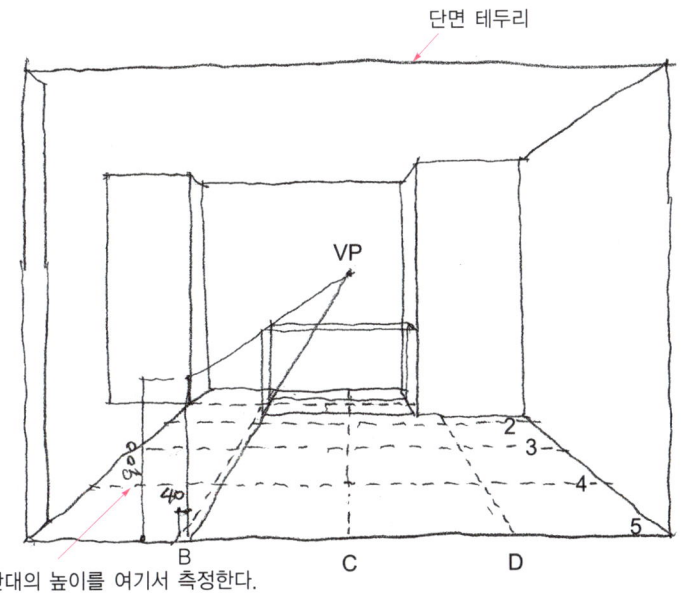

2-2. 3시간 투시도의 단계별 설명(예 : 테니스 전문점) ■ 23

Chapter 02

 진열대를 그린다.

1. 중앙에 있는 진열대를 그린다. 평면위치를 그린다(좌우 방향은 각각 B, C에서 200mm 정도 오른쪽으로 어긋나 있으므로 단면 테두리로 실제로 측정한다. 안길이의 위치는 격자(grid)를 기준으로 하면 격자 3에서 격자 2로 향한 곳이 된다).
2. 가구의 높이(550mm)를 단면 테두리를 이용하여 실제 측정해서 정한다.

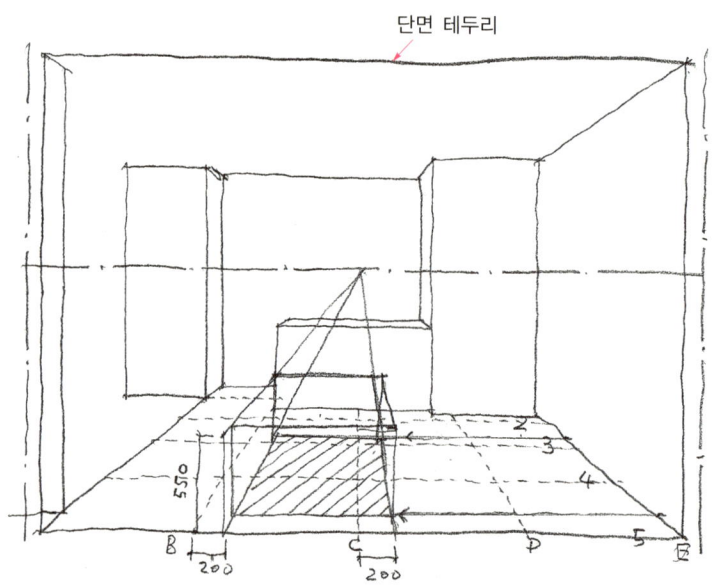

 우물천장을 그린다.

1. 평면적인 위치를 격자를 이용하여 정한다.
2. 우물천장의 높이(200mm)를 단면 테두리를 이용해 정한다.

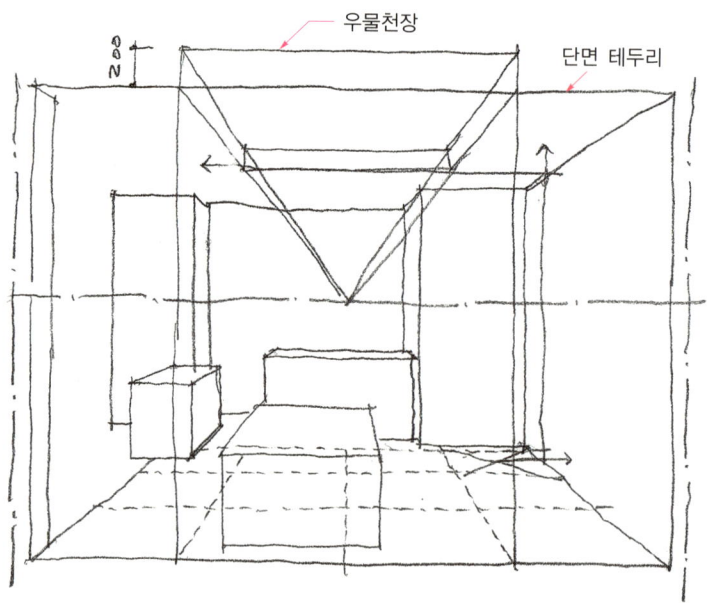

공간이나 가구의 세세한 부분을 그려 넣는다.
단계 4의 그림 위에 진한 연필이나 사인펜 등으로 세세한 부분을 그려넣는다.
창밖의 도로, 주차 중인 차와 나무를 그려넣으면 투명한 유리임을 알 수 있다.

완성이다!

단계 5의 밑그림에 트레이싱페이퍼(tracing paper)를 올려놓고 정성스럽게 본을 뜬다. 이것으로 완성되었다. 시간적으로 여유가 있는 사람은 색연필이나 마커로 채색해보는 것도 좋을 듯하다.

Chapter 02

● 색연필로 채색한 투시도

색연필로 색을 입히고, 옅은 색으로 채색하면 되지만, 빛의 반사나 그림자를 표현하면 더욱 표현력이 풍부한 투시도가 된다. 이때 요점이 되는 것이 아래 그림과 같은 1~5인데, 상세 설명은 5장에서 한다.

1. 새시 그리는 방법
2. 식물을 그리는 방법
3. 그림자를 그리는 방법
4. 바닥의 반사를 그리는 방법
5. 자동차를 그리는 방법

Chapter 02

● 유성마커로 채색한 투시도

 이것은 앞쪽의 투시도에 유성마커로 채색하고, 상세한 부분은 색연필로 덧그린 것으로 색연필만 이용한 것보다 무게감을 더해준다는 특징이 있다.

 색연필만 사용했을 때는 바탕의 흰색이 드러나지만, 마커로 그리면 종이 바탕색이 없어져, 더욱 현실감 있는 재질감을 표현할 수 있기 때문이다.

 유성마커는 색의 혼합이 어려워 72색 정도면 사용하기 편리하지만, 전문가용이기 때문에 좀 비싼 편이다. 맨 처음 단계에서는 26page와 같이 색연필만 이용해 연습해보는 것이 좋다.

Chapter 02

디자이너와 투시도

　투시도는 설계나 디자인 단계에서 '이런 느낌의 건물이 된다.'고 고객에게 완성된 예상도로 보여주는 경우가 많다. 사실상 디자이너 자신도 실제 어떤 디자인인지 평면도상으로는 알아보기 어렵기 때문에 자신의 디자인을 확인하는 데 이 투시도가 도움이 된다.

　과거 자신의 경험인데도 투시도를 그려보면 디자인을 더 고민해야 하는 경우나 변경하는 것이 좋은 경우가 구체적으로 보이게 된다. 그리고 투시도를 그려 보여주면 고객이 기뻐하고 자신의 디자인 안목도 발전할 것이다. 이 기회에 투시도를 연습해보기 바란다.

3장 3시간 투시도와 실제 사례

고객과 간단한 상의 중 공간설명을 할 경우 단선도 스케치만으로도 충분하지만, 채색한 다음 음영을 넣고 재질감을 표현하면 투시도가 한층 더 돋보인다.

이 장에서는 야근 3시간 정도로 완성할 수 있는 투시도를 시작부터 완성하기까지 각 단계별로 설명하고, 3시간 투시도와 관련된 기법으로 등축(등각)도법이나 간이기법도 설명한다.

Chapter 03

3-1 주택의 화장실(연필 마무리)

투시도란 평면 위에 표현한 2차원의 공간을 3차원의 입체로 변환하는 작업이므로 되도록 정확하게 투시도를 그리기 위해 평면도나 전개도와 같은, 평면적 치수와 높이를 알 수 있는 도면을 준비한다.

● 평면도와 전개도를 준비한다.

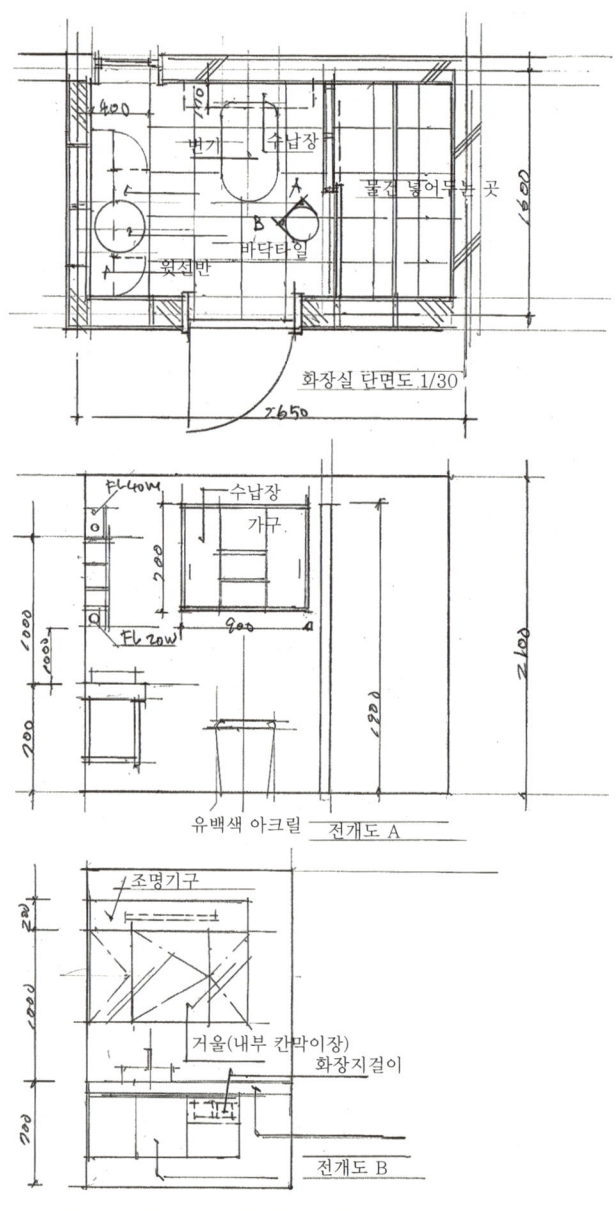

단계 ❶ 평면도에 그리기 쉬운 크기로 정사각형 격자(grid)를 그린다. 격자는 빨간색 펜으로 그리면 보기 쉽다.

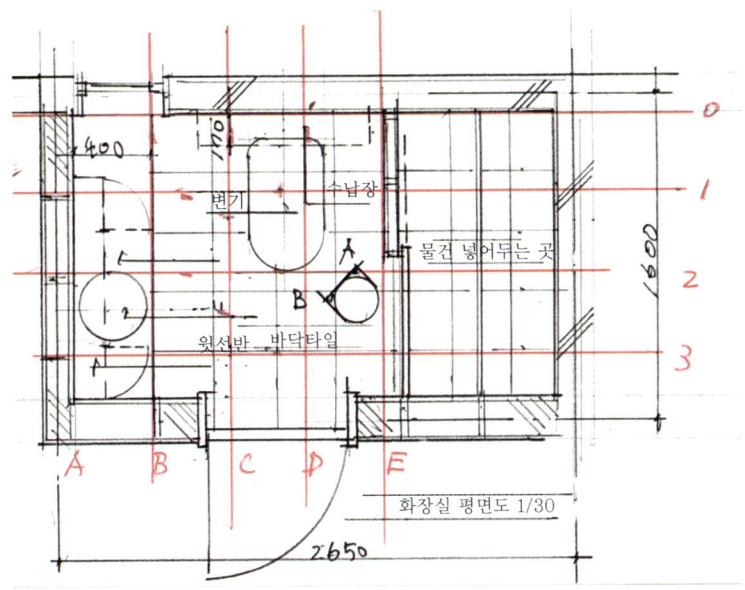

단계 ❷ 단면 테두리를 그리고 바닥에 정사각형을 늘려 안쪽 벽의 위치를 정한다. 이 화면에서 안 길이가 부족한 듯 느껴지는 경우에는 정사각형 모양을 세로방향으로 약간 길게 해 다시 그려준다(여기서는 격자 D의 위치에 서서 안쪽을 보는 것으로 했다).

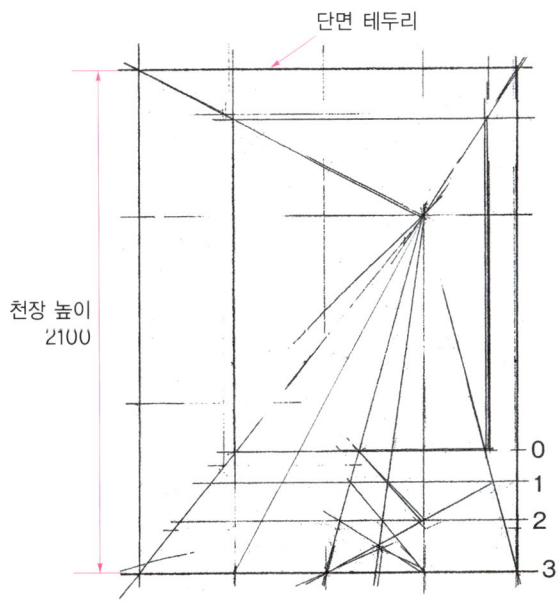

Chapter 03

단계 ❸ 공간과 가구가 모두 그려진 상태이지만 보조선이 남아 있어 이 도면을 고객에게 보일 수는 없다.

단계 ❹ 3시간 투시도의 완성(단선도)

위 그림에 트레이싱페이퍼(tracing paper)를 올려놓고 연필이나 가는 사인펜으로 단선도를 정성스럽게 본을 뜬다. 이때 자를 사용해도 좋고 그냥 해도 좋다. 이 투시도라면 단순한 선으로 표현했기 때문에 누구나 그릴 수 있다. 맨 처음에는 이 정도의 투시도를 목표로 연습해보는 것이 좋다.

Chapter 03

● 단계 4에 손질을 더했다.
음영과 질감을 표현했다.

 일반적으로는 풍경화를 스케치할 때 자를 쓰지 않으나 건축투시도에서는 자를 사용해 직선을 표현하든 손으로 자유롭게 그리든 상관이 없으므로 자신이 그리기 쉬운 방법으로 그리면 된다.

Chapter 03

3-2 주택의 침실(색연필 마무리)

　침대가 있는 침실을 그려보자. 천장은 기울어져 있고 발코니가 있으므로 유리창과 새시를 표현하는 방법도 익혀두고, 마지막으로 색연필로 간단하게 마무리하는 연습이다.

● 평면도와 전개도를 준비한다.

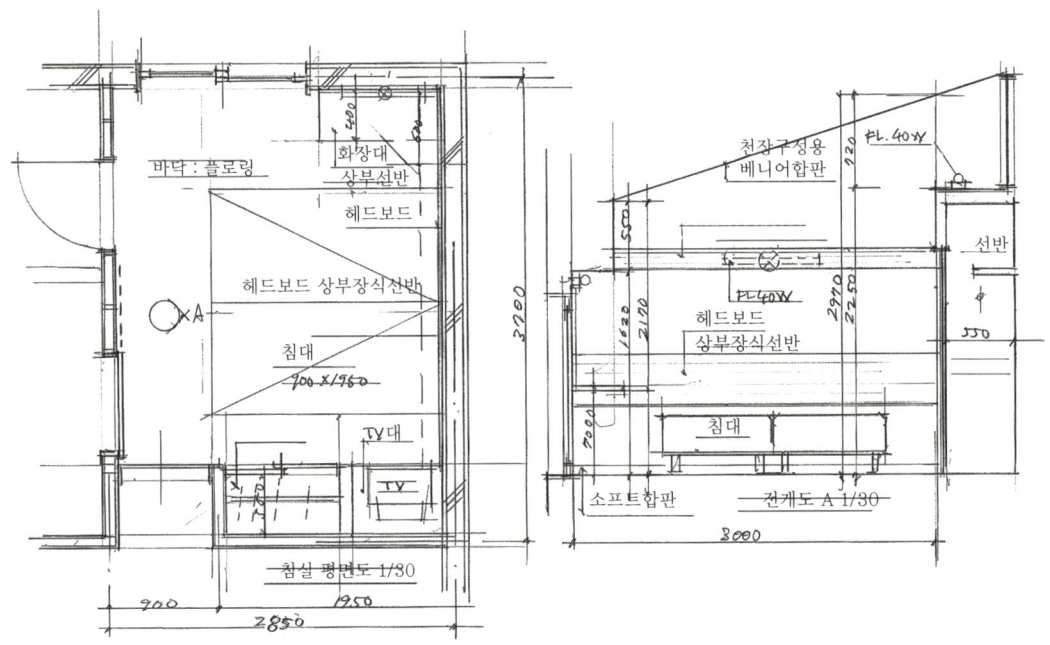

　투시도는 보통 그림과 다르다. 완성될 건물의 예상도이기 때문에 기본이 되는 평면도와 전개도가 필요하며 도면을 가지고 정확한 완성도로 표현하는 것이 투시도인 것이다. 따라서 건물을 완공하기 전에 완성된 형태를 미리 알 수 있다는 점이 투시도의 장점이다. 자신이 설계하고 투시도를 그리는 경우에는 세세한 부분을 정하지 않은 평면도와 전개도를 토대로 투시도를 그리고, 투시도를 보면서 공간을 상세하게 채워 넣을 수도 있다. 또한 투시도를 그릴 때 평면도상으로는 느끼지 못했던 디자인상의 문제점들이 보이기 때문에 세부적인 디자인을 잡아가는 데 도움이 될 것이다.

Chapter 03

단계 1 평면에 안길이를 정하기 위한 격자를 그린다.

여기서는 1m의 격자(grid)를 사용한다. 그리기 쉽게 방구석의 벽면에서부터 격자를 그리는데 잘 알아볼 수 있도록 빨간색 볼펜을 사용한다. 침대의 헤드보드 벽면에서 3번째 선과 새시가 있는 벽면의 3번째 교차점에 서서 침대의 헤드보드 쪽을 바라본다. 눈 높이(EL)는 바닥에서 1.5m로 한다.

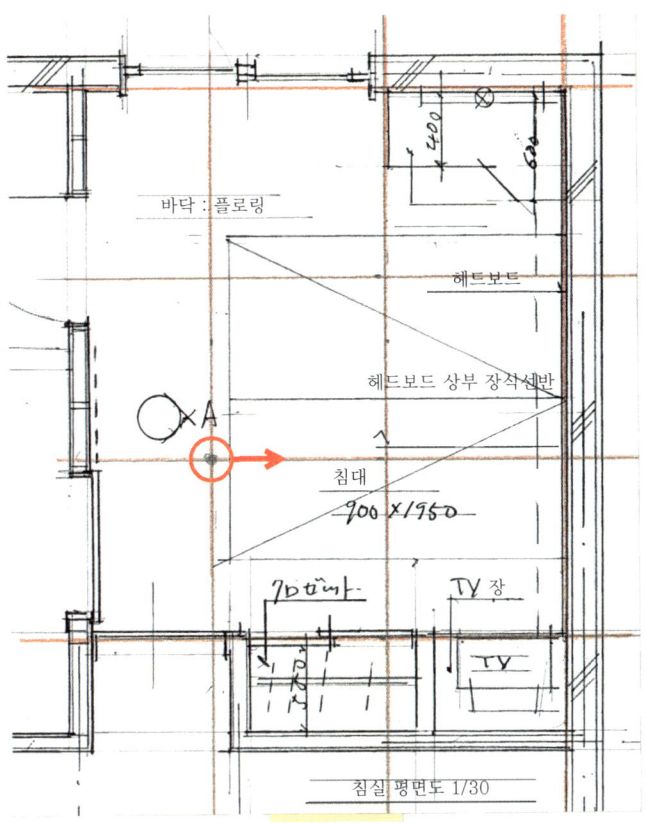

3-2. 주택의 침실(색연필 마무리)

Chapter 03

단계 ❷ 바닥에 격자를 그린다.

단면 테두리를 그리기 쉬운 축척으로 그린다. 소점(VP)을 정하고 바닥에 격자(grid)를 그리는데 이때 격자를 튀는 색으로 그려두면 실수가 적다. 이 단계에서 실내의 대략적인 구조가 결정된다. 안길이가 부족할 때는 정사각형을 세로방향으로 길게 해준다.

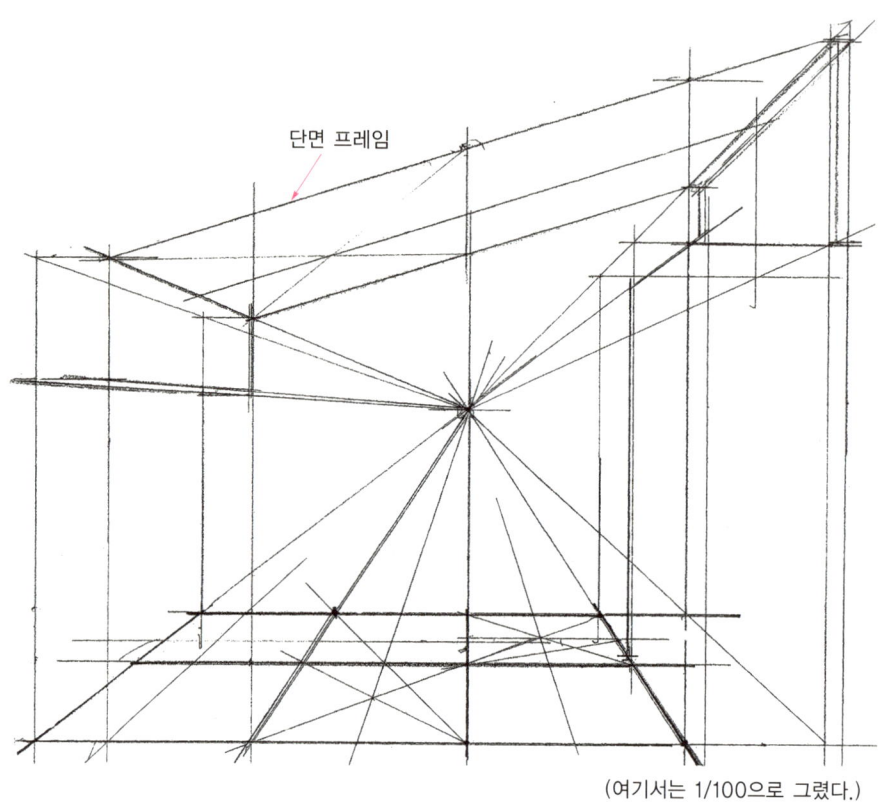

단면 프레임

(여기서는 1/100으로 그렸다.)

이 단계에서는 격자를 포함한 모든 부분을 연필로 그리고 37page의 단계 3에서 색으로 선을 정리했다.

Chapter 03

단계 3 가구를 그린다.

　침대는 단면 테두리를 통해 위치나 높이, 모양을 정하고 안길이 치수는 격자(grid)를 토대로 산출한다. 필자는 이 작업을 점수따기라 부르는 데, 이 작업을 정확하게 하면 사진으로 찍은 것과 같은 정확한 투시도가 된다. 이 침실의 투시도는 가구가 침대뿐인 심플한 것이지만, 많은 가구가 있을 때는 무슨 선인지 구분하기 어려워진다. 이때 가구에 따라 색을 다르게 하면 실수를 줄일 수 있다.

　여기서는 격자를 빨간색으로, 방의 선을 파란색, 침대를 초록색 선으로 표현했다.

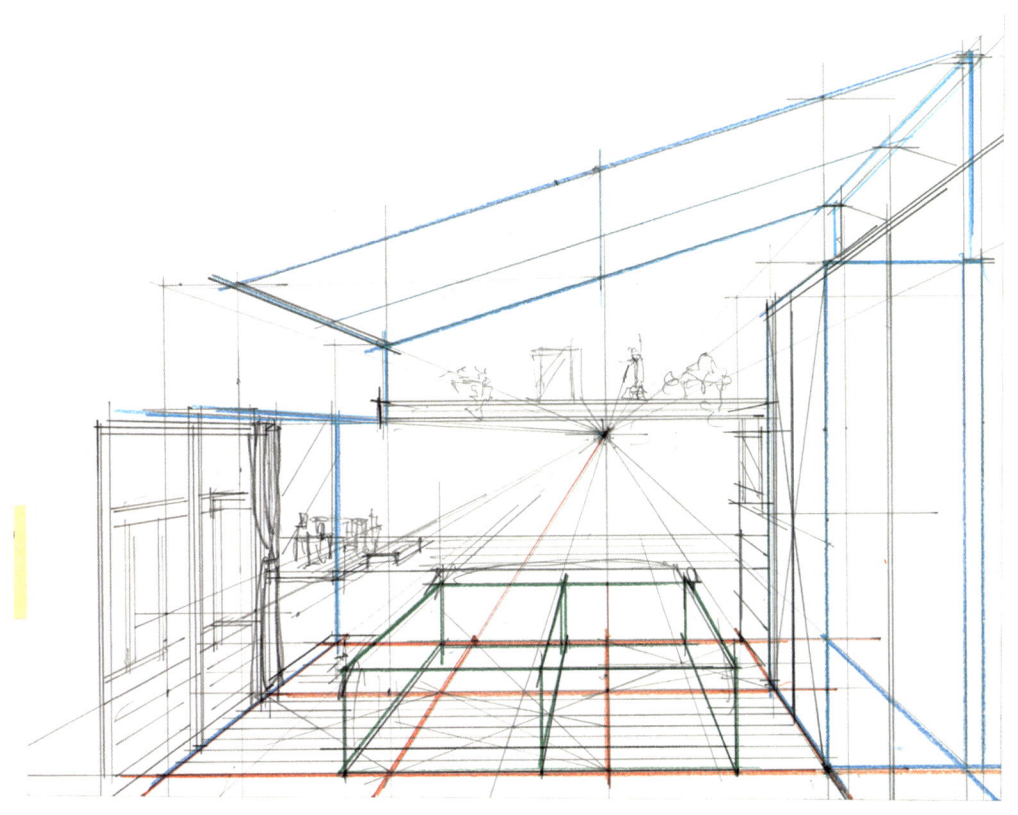

　왼쪽 벽면의 창문은 투명한 창이다. 발코니 등을 그려주면 투명한 유리창임을 알 수 있다.

3-2. 주택의 침실(색연필 마무리) ■ 37

Chapter 03

단계 4 본을 떠서 색연필로 마무리한다.

트레이싱페이퍼(tracing paper)를 놓고 본을 뜬 다음 색연필로 채색할 때 되도록 옅은색으로 칠하는 것이 요점이다. 처음부터 진한 색으로 채색하게 되면 원근감을 표현하기 어려우므로 서서히 진한 색으로 칠하는 것이 실수를 줄이는 방법이다.

투시도를 완성하는 요점

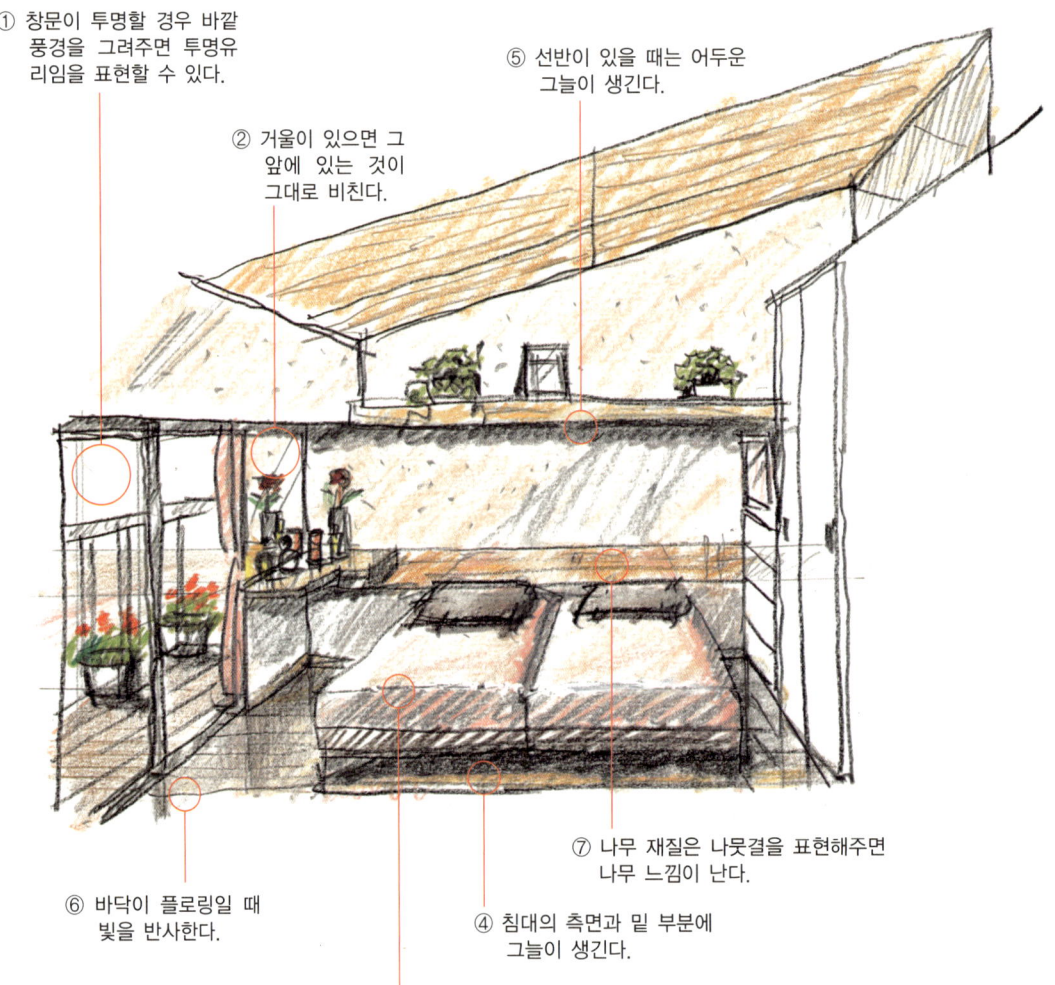

① 창문이 투명할 경우 바깥 풍경을 그려주면 투명유리임을 표현할 수 있다.

② 거울이 있으면 그 앞에 있는 것이 그대로 비친다.

⑤ 선반이 있을 때는 어두운 그늘이 생긴다.

⑥ 바닥이 플로링일 때 빛을 반사한다.

④ 침대의 측면과 밑 부분에 그늘이 생긴다.

⑦ 나무 재질은 나뭇결을 표현해주면 나무 느낌이 난다.

③ 침대처럼 곡면이 있는 가구는 코너 부분을 선으로 표현하지 않는다.

Chapter 03

다도실의 건축과 각 부분의 명칭
　대표적인 일본식 건물인 다도실의 건축과 도코노마 주위의 명칭을 설명한다. 도코노마(꽃꽂이 등을 장식하기 위해 바닥을 한층 높게 만든 곳)는 다다미 한 장 정도의 크기이지만 그것보다 작아도 좋다. 천장에 있는 대나무 장대는 도코노마와 평행으로 배치한다.
　그림 왼쪽에 있는 미닫이문은 '유키미 장지'라 하는데, 위로 밀어올리면 투명한 유리창을 통해 정원을 감상할 수 있도록 되어 있다.

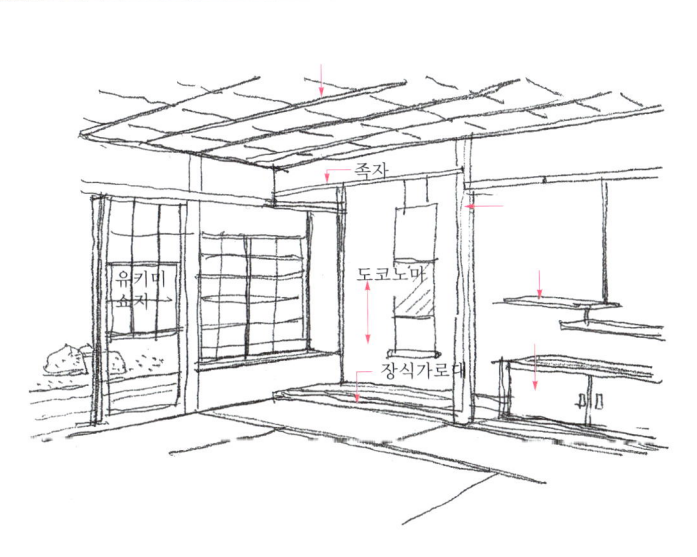 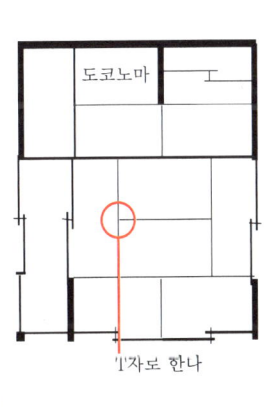

다다미방을 표현할 때 주의할 점
　다다미방은 투시도에 자주 표현되는데 다다미의 결은 되도록 T자가 되도록 깔아놓으나, 일본식 연회장처럼 넓은 공간의 경우에는 T자로 되어 있지 않는 경우도 있다. 다다미의 테두리는 짧은 쪽 방향으로는 붙이지 않고 긴 쪽 방향으로만 붙인다는 것도 알아 두면 좋다.

Chapter 03

3-3 원룸 형태의 아파트

● 평면도와 전개도를 준비한다.

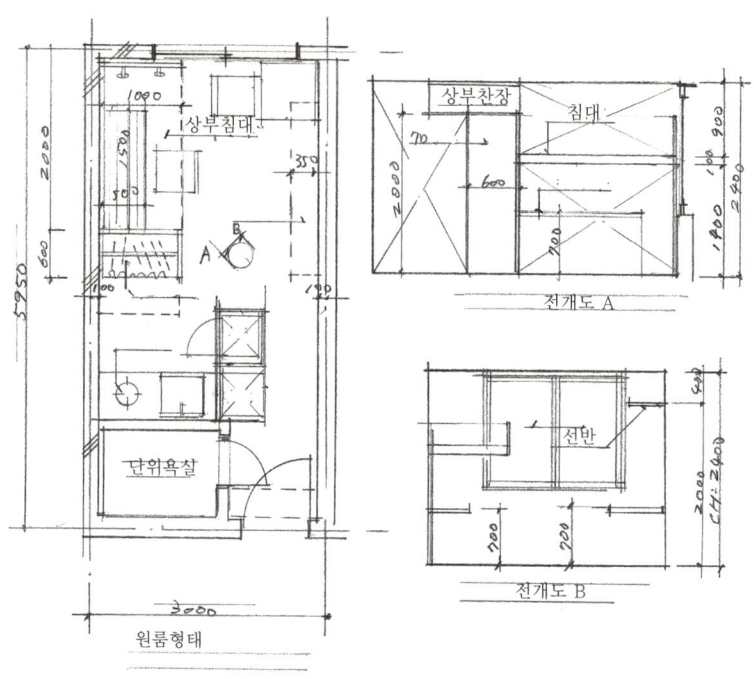

단계 ❶ 평면에 안길이를 정하기 위한 격자를 그린다.

 여기서는 평면도상의 폭이 3m이기 때문에 1m의 격자(grid)를 선택했고, 격자에 0~4, A~D의 부호를 붙인다.

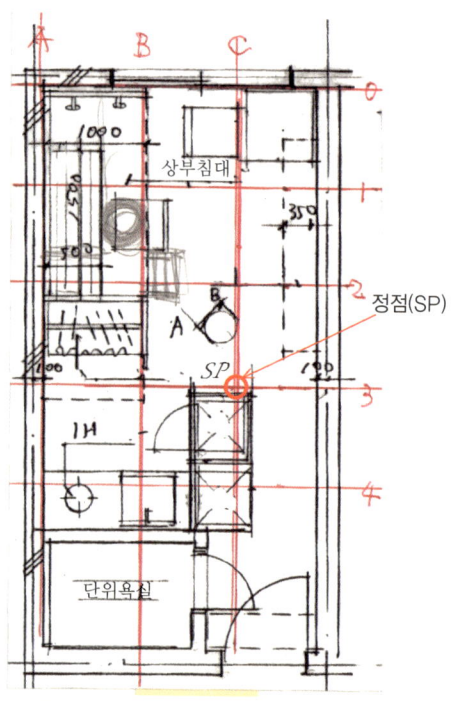

단계 ❷ 단면 테두리를 그리고 방의 네 모퉁이에서 소점을 향해 선을 긋는다.

이 상태에서 주로 표현하고 싶은 벽면의 비율이나 보이는 방법 등 정점(SP)을 전후좌우로 조정한다(여기서는 주로 왼쪽 벽면을 나타내고 싶어 약간 오른쪽인 C 선상에 서서 보는 것으로 했다).

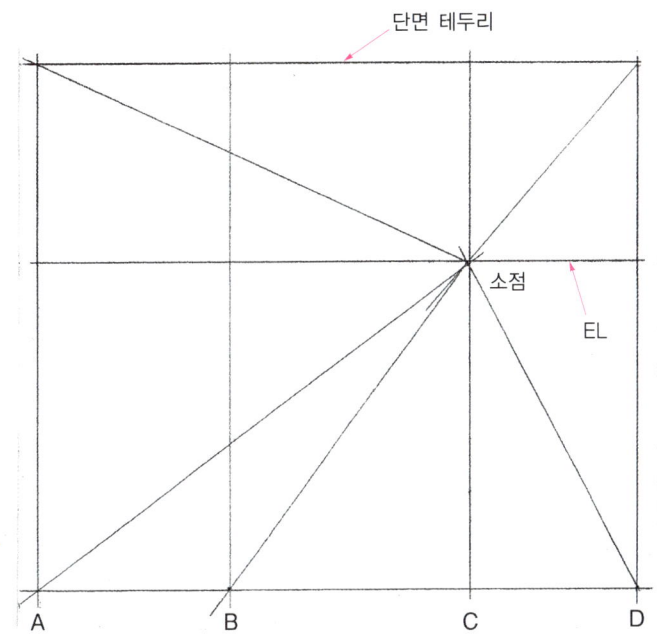

단계 ❸ 안길이를 정하기 위해 정사각형을 늘린다.

정사각형을 늘리는 단계에서 안길이가 부족해 가구 등을 그리기 어려운 경우에는 안길이를 늘리고, 반면 안길이가 너무 길다고 느껴질 때는 짧게 조정한다.

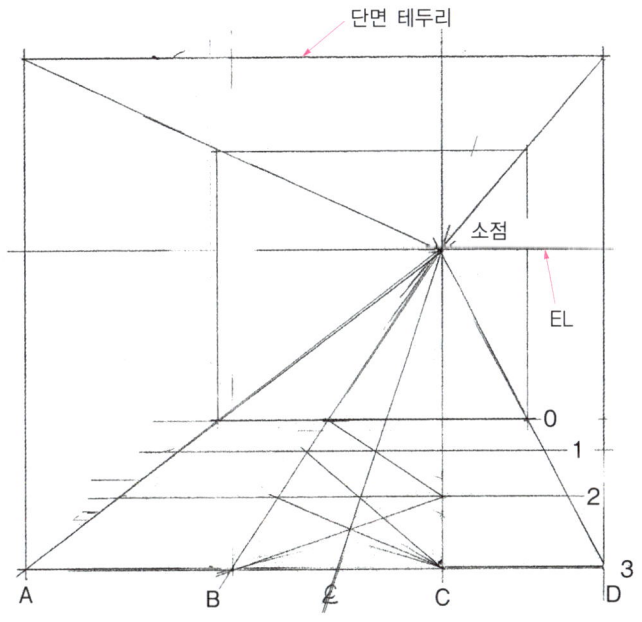

3-3. 원룸 형태의 아파트 ■ 41

Chapter 03

단계 ❹ 격자를 기준으로 큰 것부터 그려간다.

투시도는 되도록 큰 것부터 그리기 시작하고, 큰 공간의 투시도에는 선이 많아지므로 공간과 가구의 선을 색상으로 구분해서 작업한다.

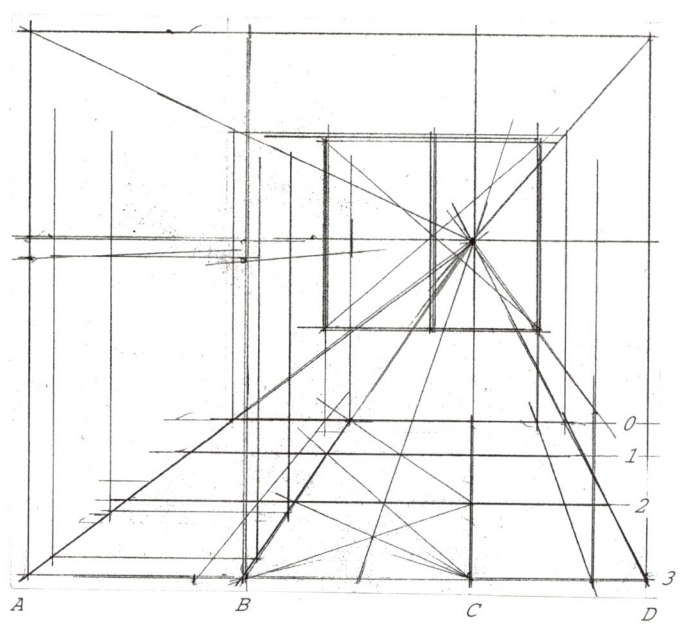

단계 ❺ 도법에 의한 투시도 작업 완료.

이 단계에서는 제도작업이므로 누가 그려도 같은 그림이 되고, 단계 6부터는 회화적인 작업이 되는데, 여기서부터는 투시도 그리는 실력이 나타난다.

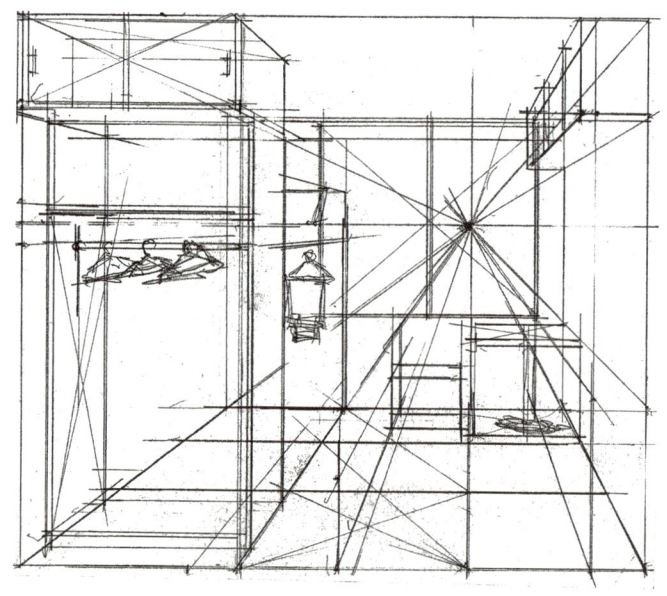

단계 ❻ 질감과 음영을 표현한다.
검정을 강하게 표현할 수 있는 연필이나 색연필, 사인펜(sign pen)과 같은 필기 도구로 음영과 질감을 표현한다.

　유리창을 통해 밖을 볼 수 있으므로 바깥 풍경을 그려주면 투명한 유리가 표현된다. 오른쪽 벽에 있는 거울을 표현할 때는 특히 주의해야 하며, 거울임을 알 수 있도록 거울에 비치는 것을 그려 넣어야 한다. 바닥은 바닥재(flooring)이기 때문에 벽 등이 반사되어 비치는 것이 표현되어 있다. 이처럼 음영이나 반사, 비친 것을 그려주면 재질감이 표현되어 현실감 있는 투시도가 된다.

Chapter 03

3-4 3시간 투시도의 예

● 색연필로 완성

● 단선으로 완성

Chapter 03

● 단선으로 완성된 도면 망점 수정(retouching)으로 완성

● 색연필로 완성

3-4. 3시간 투시도의 예

Chapter 03

● 관광지호텔(resort hotel)의 트리플룸(연필 마무리)

개축 제안용으로 만든 투시도로서, 침대 3개가 깔끔히 정리되어 있다.
연필로 단시간 내에 그린 투시도이다.

Chapter 03

● 온천 여관 내의 휴게실

원본은 속건성(speed dry) 마커와 색연필로 마무리했지만, 이 책을 위해 색연필로 간단히 다시 그린 것이다.

3-4. 3시간 투시도의 예

Chapter 03

● 거실의 완성 예상 투시도

필자의 자택을 개·보수(remodeling)할 때, 가구 배치 등이 실제로 어떻게 보이는지 모의실험(simulation)용으로 단시간에 그린 것으로 인테리어는 대부분 흰색계통이라 색상을 쓰지 않고 연필로 마무리했다. 그리는데 4시간 정도가 소요되었다.

Chapter 03

● 아일랜드식 주방의 완성 예상 투시도

48page의 주방을 역방향에서 바라본 투시도인데, 이것 또한 선택한 가구와 공간 이미지가 조화를 이루는지 확인하기 위해 그린 투시도이다. 자택이라 단시간에 그렸기 때문에 선이 다소 복잡하게 되어 있다.

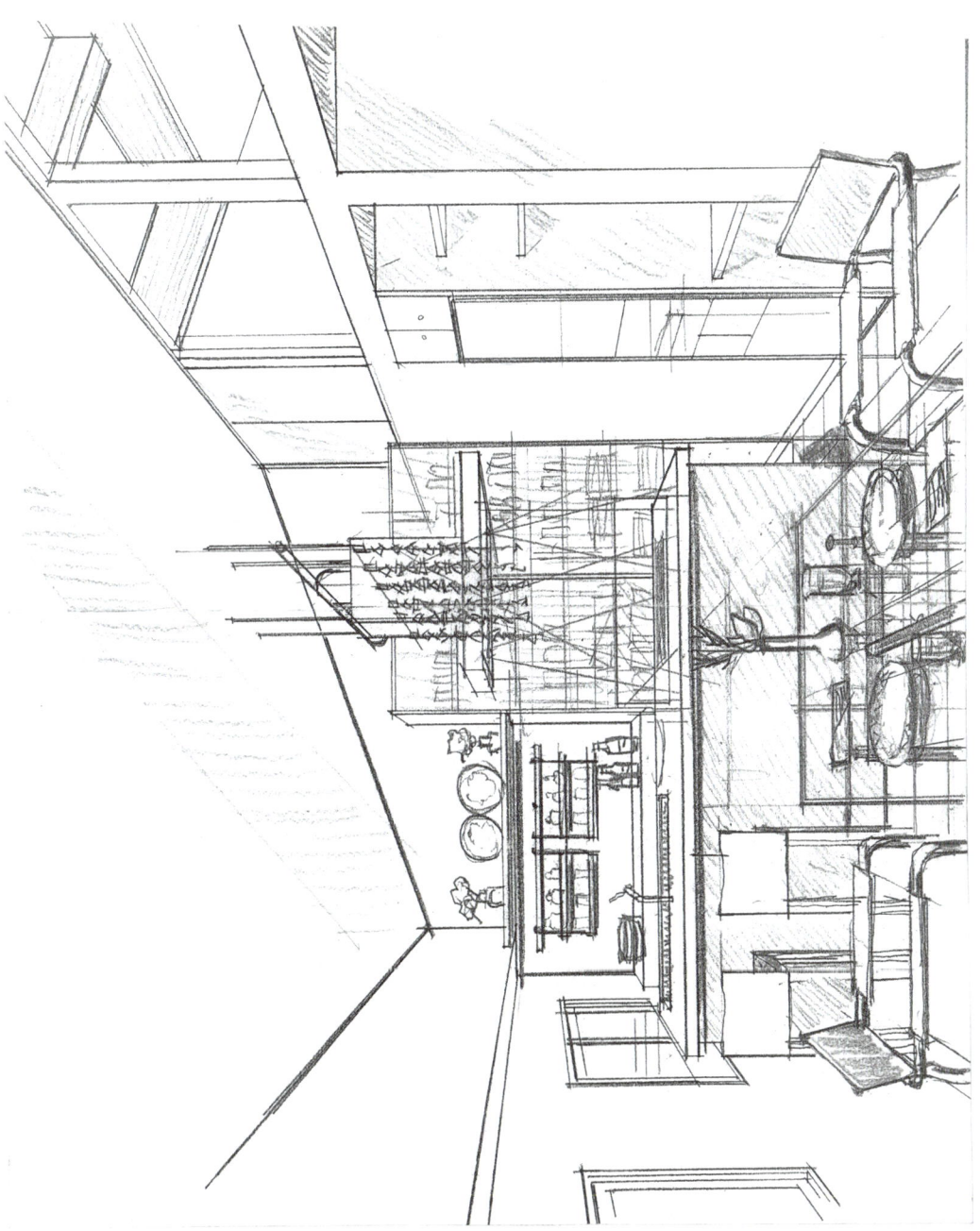

3-4. 3시간 투시도의 예

Chapter 03

● 관광지호텔(resort hotel)의 객실(흑백 투시도)

실제 관광지호텔의 개·보수을 위해 단선으로 그린 도면으로 트레이싱페이퍼(tracing paper)를 올려놓고 본뜨기까지 약 40분 정도가 소요되었다. 가구가 많아서 시간이 더 걸렸다.

● 관광지호텔(resort hotel)의 객실(색연필 마무리)

채색에 약 20분 정도 소요되었고, 색연필로 연하게 칠했기 때문에 생각만큼 시간이 많이 걸리지 않았으며, 오히려 색칠하기 전 단선으로 도면을 그리는데 시간이 걸렸다.

Chapter 03

● 유성마커와 색연필 마무리

　서양식 객실로 바꾸기 위해 그린 투시도로서, 유성마커와 색연필을 같이 사용했기 때문에 제작에는 2일 정도가 소요되었다. 디자인을 구상하면서 그렸기 때문에 시간이 많이 걸렸지만 그리는 데만 집중한다면 8시간 정도면 그릴 수 있는 투시도이다.

3-4. 3시간 투시도의 예

Chapter 03

● 객실 개·보수 계획용 투시도(흑백 마무리)

개·보수(remodeling) 전에 어떤 객실이 이 여관에 적합할지 고객(건축주)과 상의하기 위해 검토용으로 작성한 투시도로 연필로 마무리했다.

Chapter 03

● 여관의 객실 현관 검토용 투시도(흑백 마무리)

여관의 객실 현관을 새롭게 단장할 때, 디자인을 검토하기 위해 작성한 투시도이다.
연필로 마무리해 비교적 단시간에 완성시킨 것이다.

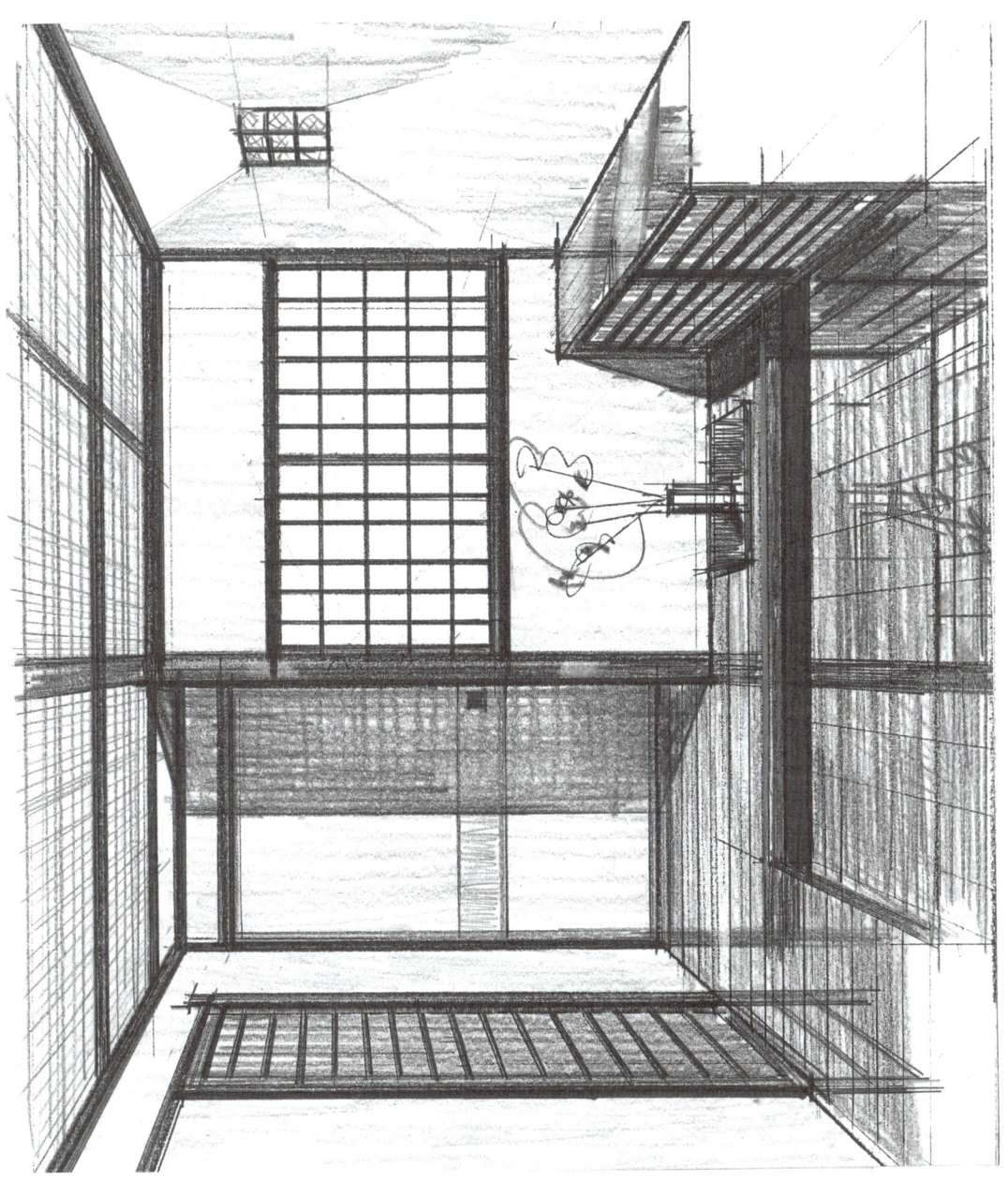

3-4. 3시간 투시도의 예

3-5 등축(등각)도법으로 그리는 방법

평면도 자체를 이용하는 기법을 등축(등각)도법(isometric)이라고 하는데, 그리는 방법이 간단해 투시도를 그리지 못하는 건축사나 디자이너도 등축(등각)도법(isometric)은 그릴 수 있는 사람이 많다. 자신이 디자인한 공간을 확인하기 위해 등축(등각)도법(isometric)을 이용하는 경우도 있다.

● 등축(등각)도법 그리는 방법
  1. 평면도를 기울이는데, 그 각도는 30°가 일반적이다.
  2. 평면상의 각 부분을 수직으로 세워 3차원 공간을 만들고, 높이는 평면도와 같은 축척으로 정한다.

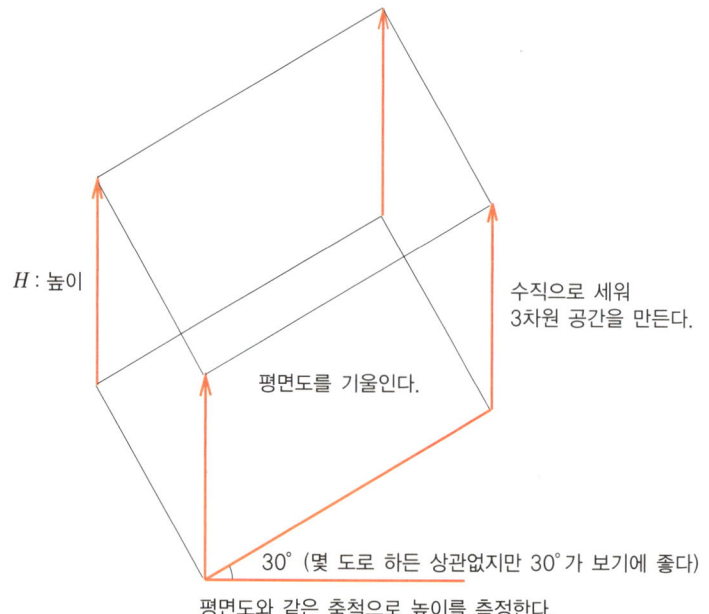

● 점포의 등축(등각)도법을 그린다.

단계 ❶ 평면도를 준비한다.
여기에 있는 평면도는 지면관계로 1/100으로 그렸다.

단계 ❷ 평면도를 기울인다.

여기서는 45°로 기울였다.

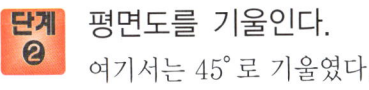

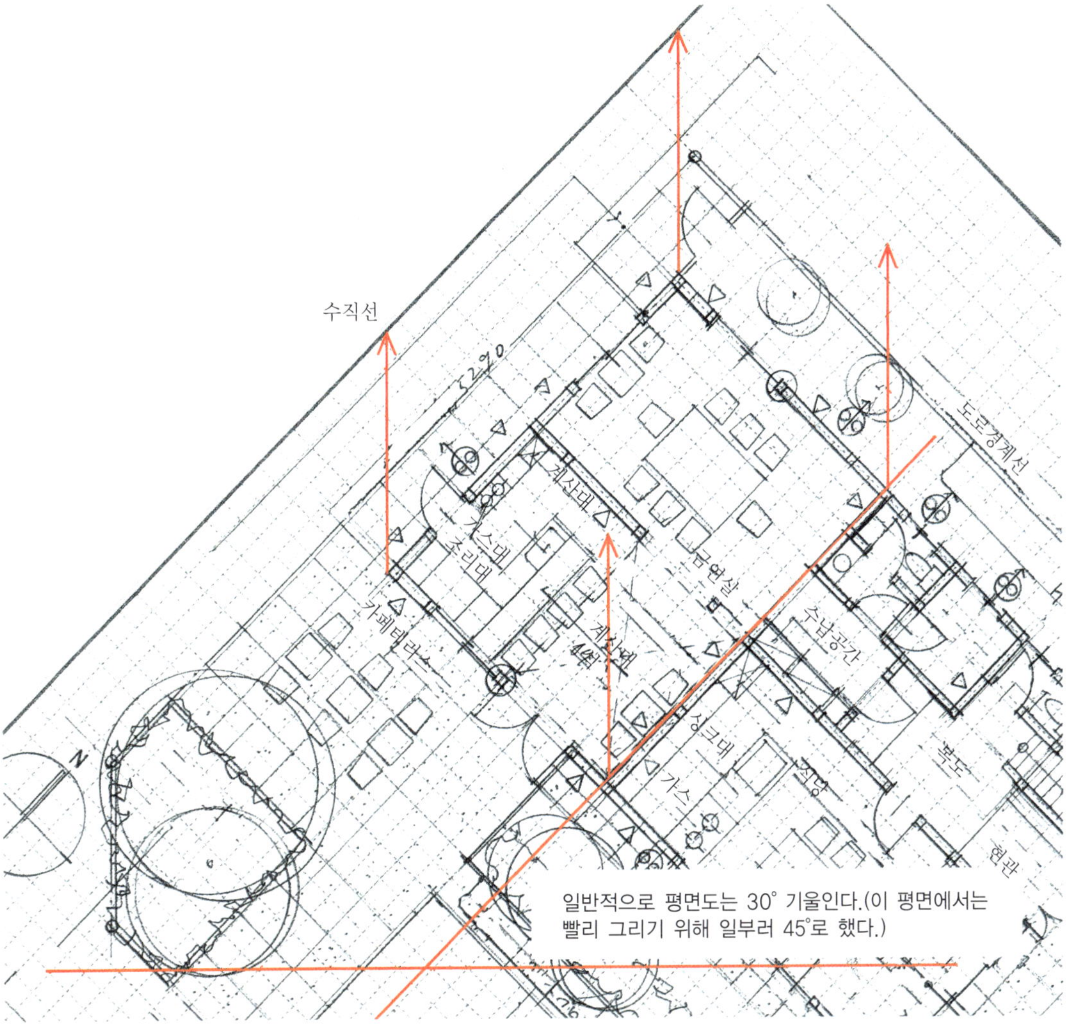

일반적으로 평면도는 30° 기울인다.(이 평면에서는 빨리 그리기 위해 일부러 45°로 했다.)

단계 ❸ 수직선을 세워 높이를 정한다.

방의 네 모퉁이를 수직으로 세워 천장의 높이를 측정하면, 방의 입체는 완성되었는데 가구나 창문 등도 있으므로 도면에 충실하게 측정한다.

3-5. 등축(등각)도법으로 그리는 방법

Chapter 03

단계 4 가구 같은 상세한 부분을 그려나간다.
    맨 처음 공간을 세워 3차원으로 그리고 가구 등도 세워 3차원으로 만들 때 공간이 크거나 가구 등이 너무 많을 경우에는 선이 많아 무슨 선인지 구분할 수 없기 때문에 필요에 따라 선을 색상으로 구분해둔다.

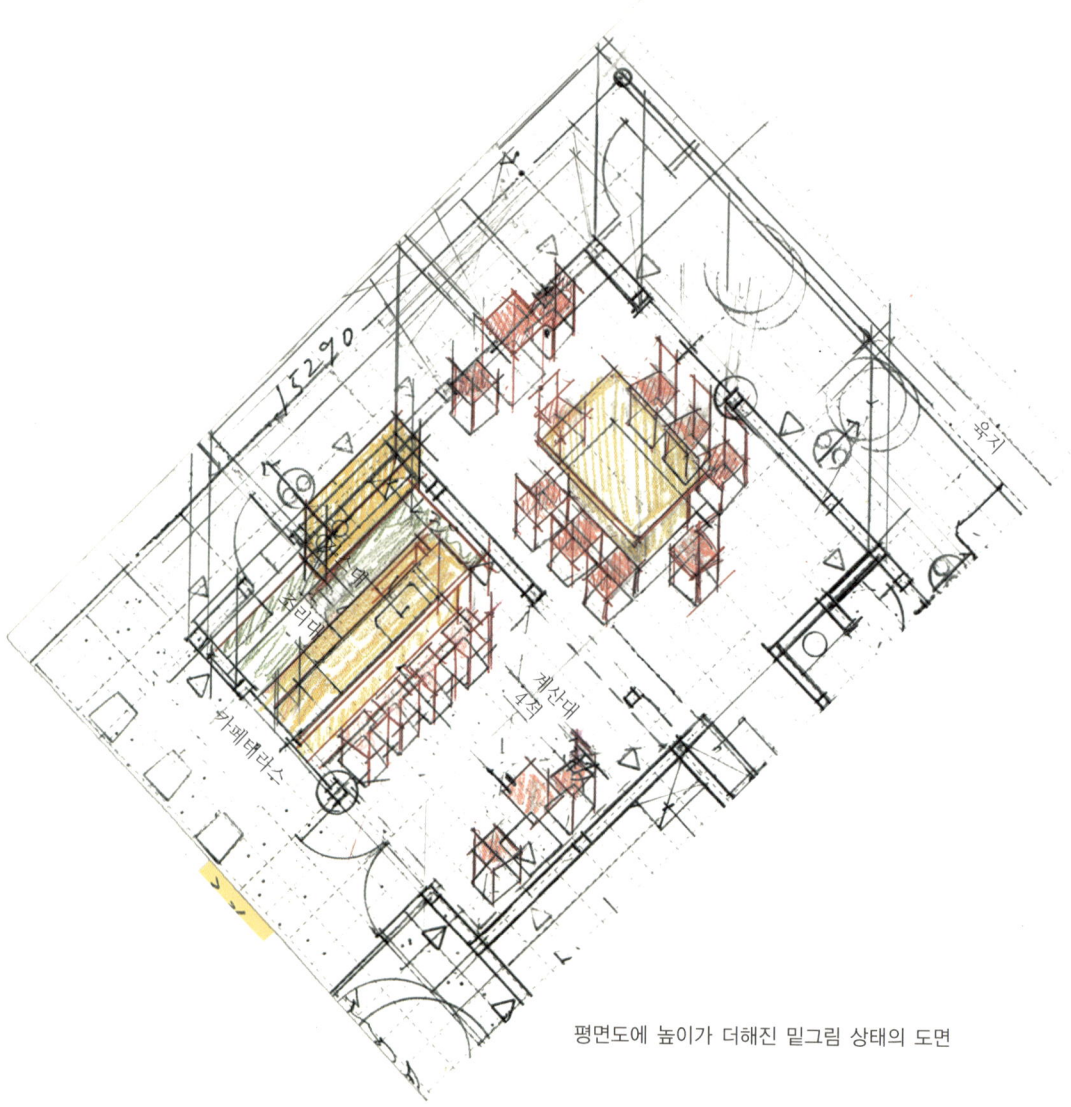

평면도에 높이가 더해진 밑그림 상태의 도면

단계 5 트레이싱페이퍼 위에 본을 뜬다.
    단계 4에 트레이싱페이퍼(tracing paper)를 올려놓고 본을 뜬다. 이때 자를 이용해도 좋고 그냥 그려도 좋으며 필기 도구는 연필이나 사인펜을 사용해도 관계없다. 가구의 세세한 부분을 그릴 경우에는 0.5mm의 제도용 HB연필이 좋다.

Chapter 03

벽을 모두 묘사하면 내부 상태를 이해하기가 어렵다. 그림과 같이 바로 앞쪽 벽은 투명하게 표현하고 그 난만의 윗부분을 검정색으로 칠해 벽이라는 것을 알 수 있게 한다.

 채색할 때 주의할 사항
    색이나 음영, 질감 등의 정보가 많아지면 완성하는 데 많은 시간이 소요되며 처음에는 간단하게 채색을 마치는 것이 실수를 줄일 수 있다. 이 등축(등각)도법 역시 색연필로 완성한 것인데, 맨 처음에는 연하게 채색하고 점점 진하게 표현해야 실수를 줄일 수 있다. 이 투시도와 같이 음영이나 반사 등을 그려 넣으면 입체감이 생긴다.

3-5. 등축(등각)도법으로 그리는 방법

Chapter 03

3-6 간이도법에 의한 부분도

이 책에서는 간이도법이라고 부르기로 하겠다. 일반적으로는 건축 분야나 특수 가구의 제작에 편리한 기법으로 작은 가구들을 제작할 때는 이 간이도법이 편리하다. 여기에 있는 가구 스케치는 모두 앞 장의 화장실 가구를 사용한 그림이다.

단계 ❶ 입면도를 그린다.
그리기 쉬운 축척으로 입면도를 그린다. 여기서는 1/20의 축척으로 했다.

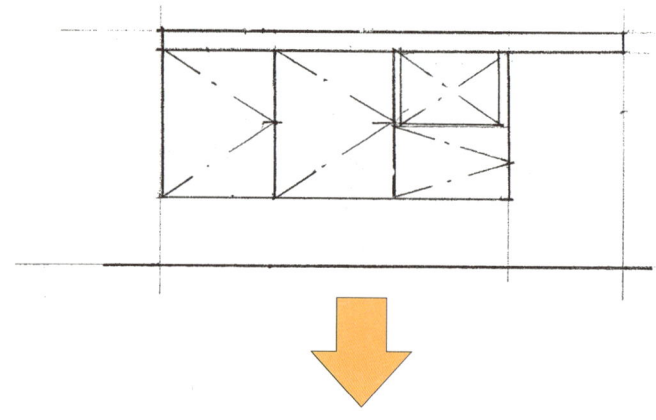

단계 ❷ 안길이를 그린다.
안길이는 등축(등각)도법(isometric)과 같은 방법으로 치수를 측정하고, 45°의 각도로 그렸다.

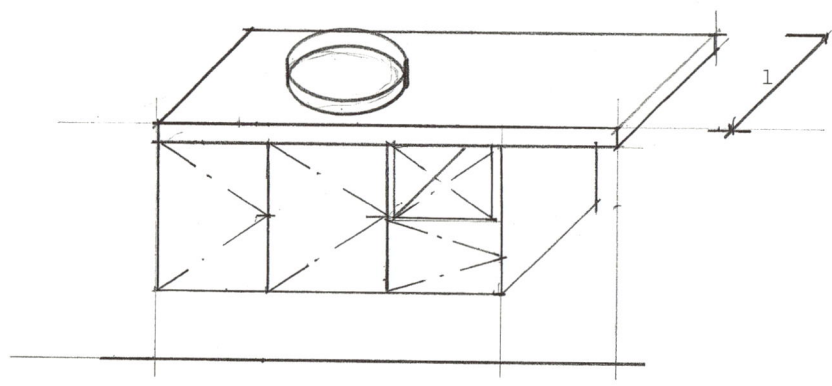

단계 ③ 세세한 부분을 그려 넣어 완성한다.

제도를 마치고 여기서부터는 투시도 작업에 들어간다. 필요에 따라 색연필로 채색하며, 이 간이도법으로 그린 그림과 단면도를 고객에게 설명하기도 하고 가구 제작업자에게 전달하기도 한다.

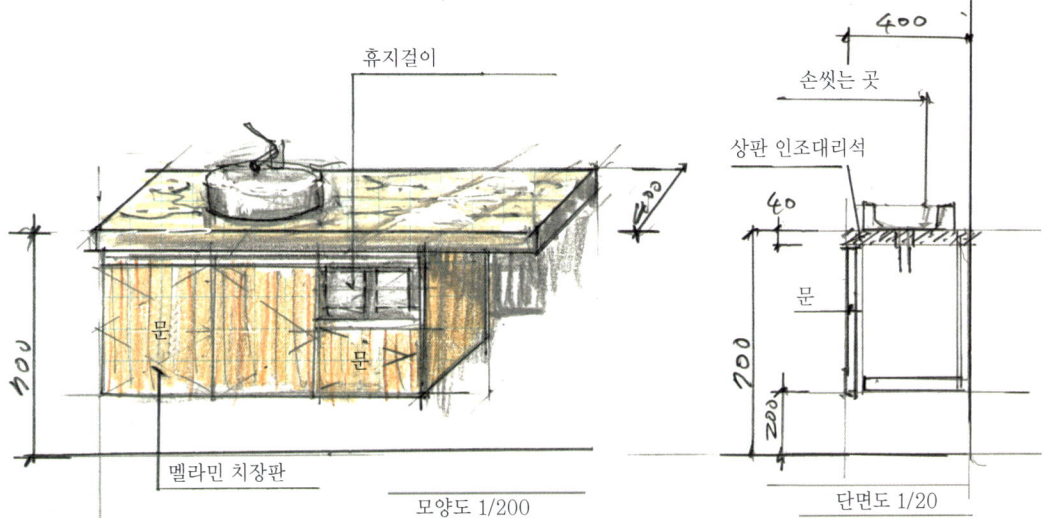

 이러한 특수 가구는 보통 전문 가구점이 만들기 때문에 상세한 수납공간은 그리지 않고 디자인상의 중요 요점(point)만 표현하면 된다. 즉 가구도를 겸한 투시도라고도 할 수 있다.

Chapter 03

- 장식장

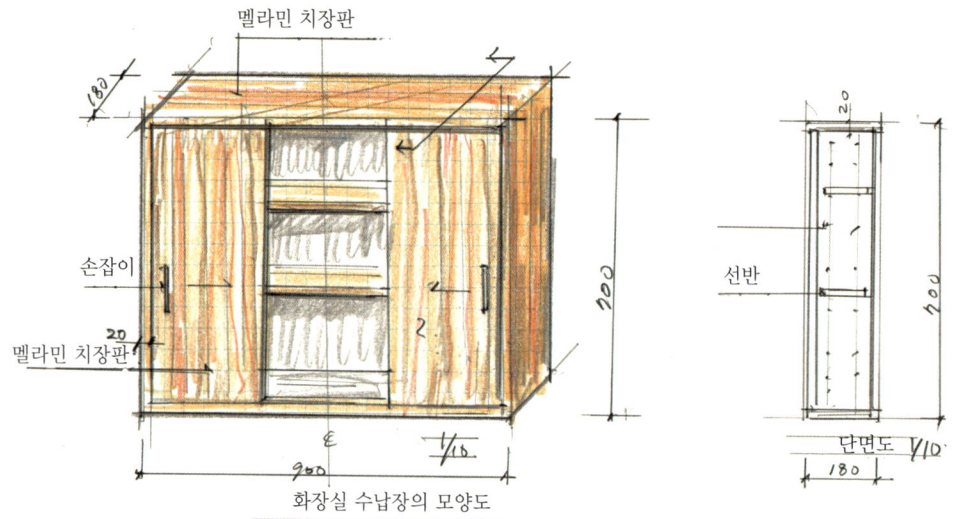

- 수납장 겸 3면 거울

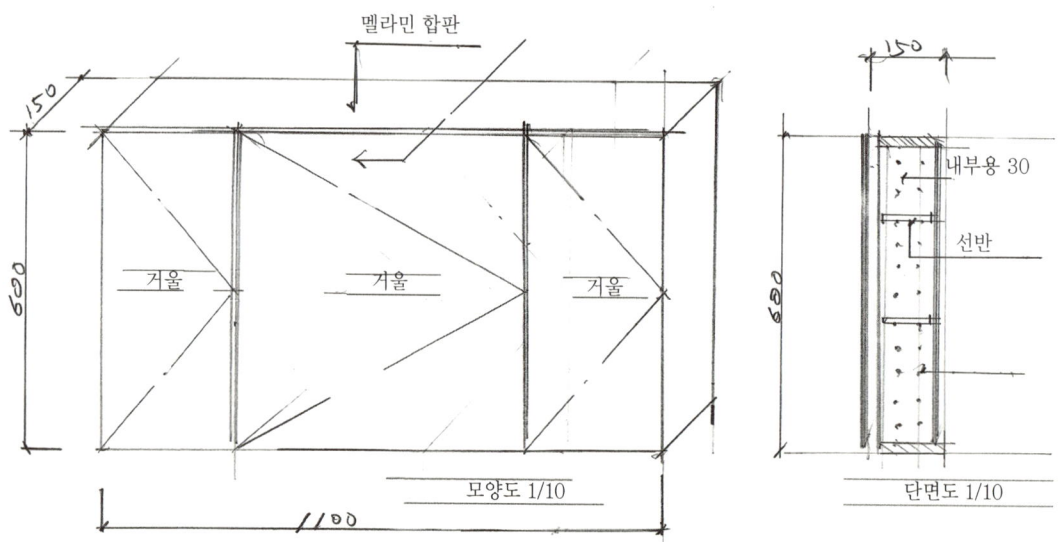

이처럼 간이도법만으로도 모양을 알 수 있지만 단면도가 있으면 제작자가 보다 쉽게 만들 수 있다.

Chapter 03

 노트에 간단히 그려내는 투시도
　노트에 그릴 그림을 검토 중 왼쪽 하단과 같은 안이 대략 만들어졌고, 공간이 매우 좁아서 실제로는 어떤 분위기가 될지 걱정이 되어 오른쪽 아래의 스케치 투시도를 그려본 결과 좁지만 정돈된 모습을 투시도를 통해서 알 수 있었다. 투시도를 검토하다가 선반을 왼쪽 벽에 만들어 보았고, 정면에는 그림을 배치하고 맨 앞 왼쪽에 작은 꽃병을 놓았다. 이런 간단한 투시도 있는 것과 없는 것은 차이가 있기 때문에 기재했으나 이 책을 위해 제작된 투시도가 아니므로 다소 정돈되지 않은 느낌을 줄 수 있다.

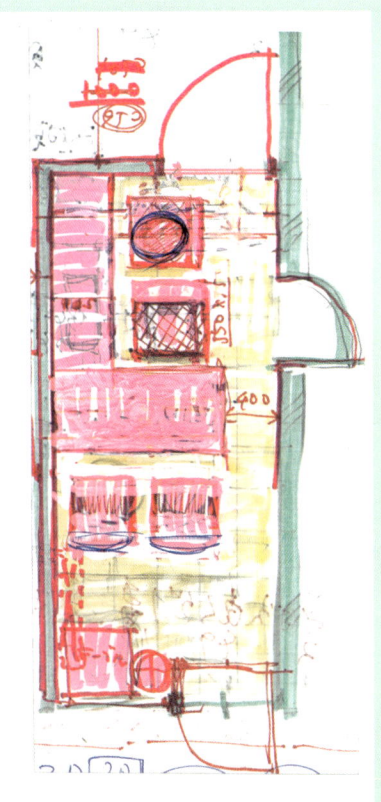
평면 계획안

스케치 투시도

3-6. 간이도법에 의한 부분도

Chapter 03

3차원 그래픽과 투시도의 관계
　전문가의 투시도는 화풍으로부터 '사실적 투시도'와 '회화적 투시도'로 나뉜다. 현실감 있는 완성 예상도라면 사실적 투시도가 되는데, 최근 사실적 투시도는 컴퓨터 그래픽으로 대체되고 있고, 정밀도나 질감 묘사면에서 손으로 그리는 투시도는 컴퓨터 그래픽(computer graphic)과 비교가 되지 않는다. 컴퓨터 그래픽을 이용해 아파트 분양 홍보물을 제작하는 경우가 늘고 있으나 컴퓨터 그래픽은 제작하기까지 수일은 걸리기 때문에 무료 고객에게 제공하기는 어렵다.
　무료 서비스 차원의 투시도가 되려면 외주가 아닌 단시간에 설계자나 디자이너가 직접 그려야 한다. '바람이 불면 통장수가 돈을 번다'. 라는 일본의 속담과 같이 컴퓨터 그래픽이 많아지면 뜻하지 않게 3시간 투시도의 수요가 증가할 수 있다. 또한 컴퓨터 그래픽이 일반화되면 컴퓨터 그래픽으로 표현할 수 없는, 삽화(illustration) 형태의 예술적인 투시도가 존재 가치가 더할 수도 있다.

 빠른 스케치 외관 투시도

외관 투시도는 손이 많이 가는 작업이기 때문에 투시도 전문 업체에 외주를 주거나 사내 투시도 파트에서 제작하는 경우가 많으나 이 장에서 다루는 내용은 그 이외의 경우이다. 즉, 투시도 전문가에게 맡기지 않고 설계자나 디자이너 또는 현장감독을 하는 사람들이 직접 제작하는 외관 투시도이다. 본래 투시도가 아닌 본업이 따로 있기 때문에 투시도를 제작하는 데는 시간적인 제약이 있으므로 투시도 전문가가 제작하는 투시도와 같은 효과를 내거나 기법을 사용하기 어렵다. 그래서 이 장에서는 본업을 하는 틈틈이 할 수 있는 투시도 기법에 촛점(focus)을 맞춰 설명한다.

Chapter 04

4-1 등축(등각)도법으로 외관 그리기

등축(등각)도법(isometric)은 상공에서 내려다보는 구도로 되어 있어 위로 올려다보는 투시도와는 다르지만, 단시간에 외관 투시도를 작성할 때 추천하는 기법이다.

평면도를 그림과 같이 기울이며, 그 각도는 30°와 60°를 조합하는 것이 일반적이다. 주로 보여주고 싶은 면을 30°로 한 후 각 부분에 수직선을 세워 높이를 정한다. 기본은 앞장에서 다룬 내부 투시도와 같다.

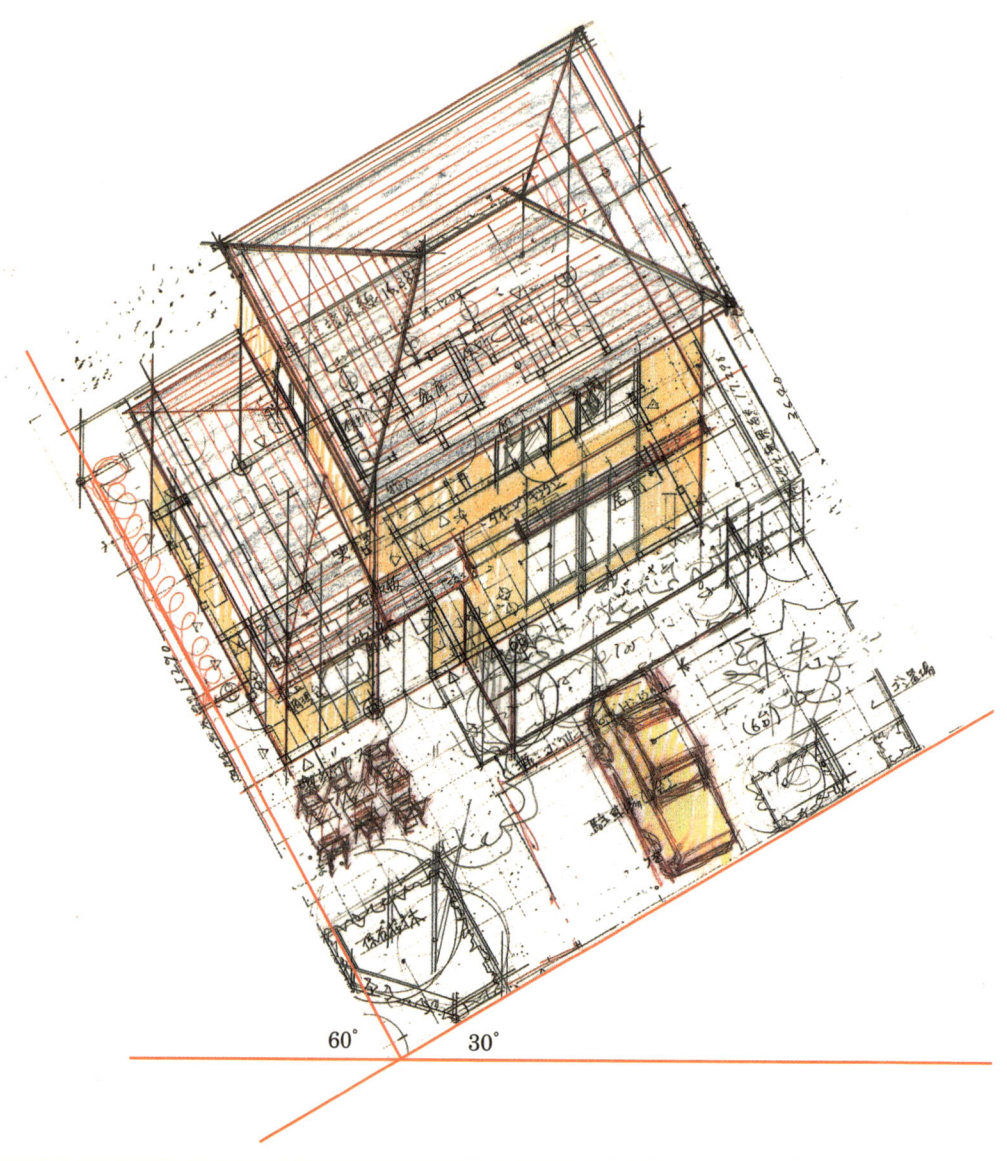

Chapter 04

밑그림에 트레이싱페이퍼(tracing paper)를 놓고 본뜬 것을 복사해 마커로 채색한 다음 색연필로 손질해서 완성했다.

> 외관 등축(등각)도법(isometric)도 연필로 마무리해 완성시킨다면 주택 건축도 하루 정도에 완성할 수 있으나 색이나 손질을 하면 그만큼 완성하는데 시간이 걸린다. 시간이 없을 때는 연필로 마무리해 제출하는 것도 하나의 방법이며, 시간이 걸리는 마무리는 서서히 도전해 보기 바란다.

4-1. 등축(등각)도법으로 외관 그리기

4-2 2소점 투시도 그리는 방법

외관 투시도를 2소점 투시도로 그릴 때는 몇 가지 기법이 있는데, 이 책에서는 건물의 완성 예상도로서 정확하게 그리기 위해서는 아래와 같은 기법을 추천한다.

어떤 물체를 유리 스크린을 통해 그린 상태로서 물체는 유리와 각을 이루고, 유리와 접하며, 접한 부분은 실제 길이 측정이 가능하다. 물체를 그리는 각도는 60°와 30°를 조합하는 것이 일반적이다.

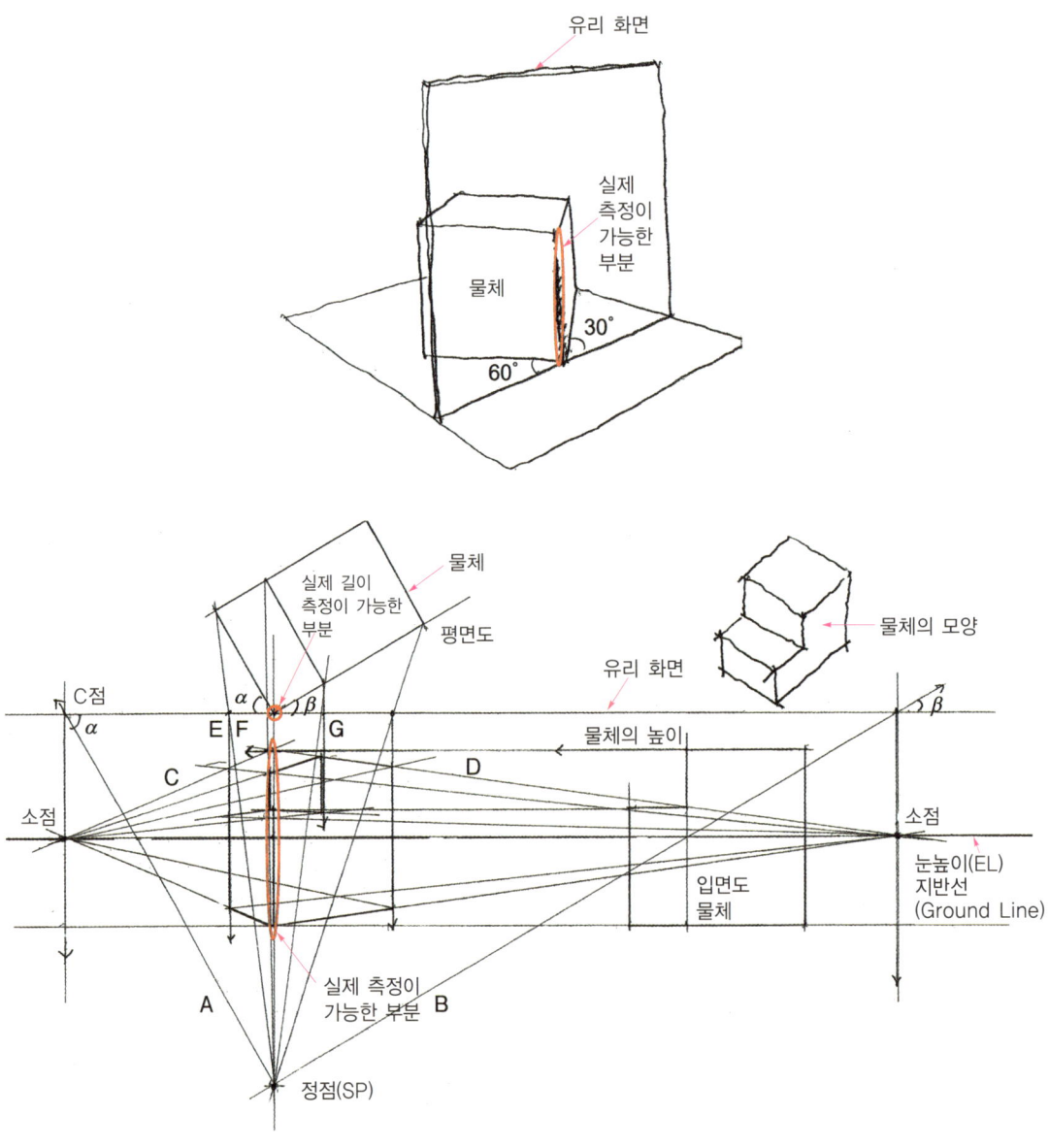

● 2소점 투시도 그리는 방법

1. 물체를 적당한 각도로 스크린에 붙여 평면적으로 배치한다(여기서는 30°와 60°의 조합).

2. 평면 부분에 유리 화면(screen) 선을 그린다.

3. 정점(SP) 물체와 너무 가까우면 화상이 일그러지므로 적당히 떨어져 있는 곳에 선다.

4. 정점(SP)으로부터 물체에 평행선 A, B를 긋는다.

5. 평행선과 유리 화면이 교차하는 곳에서 아래로 수직선을 긋는다. 눈높이(EL)와 교차하는 곳이 투시도 상의 소점이다.

6. 화면과 물체가 붙은 부분이 실제 높이가 되고, 소점에 C, D 선을 그으면 물체의 외형 중 일부가 결정된다.

7. 정점(SP)에서 평면도의 물체 각 부분에 선을 긋는다. 그 선과 유리화면이 교차하는 곳에서 아래로 수직선을 내리면 물체의 각 부분의 안길이 위치가 확정된다.

Chapter 04

4-3 외관 투시도 마무리하는 방법

투시도에 점을 취하는 작업이 끝났다면 트레이싱페이퍼(tracing paper)를 올려놓고 연필로 본을 뜨면 아래 그림과 같은 상태의 단선 투시도가 완성된다. 단선 투시도라도 단면도나 입면도보다 건물의 형태를 보다 알기 쉽기 때문에 고객들이 선호한다.

● 단선 투시도와 주의사항

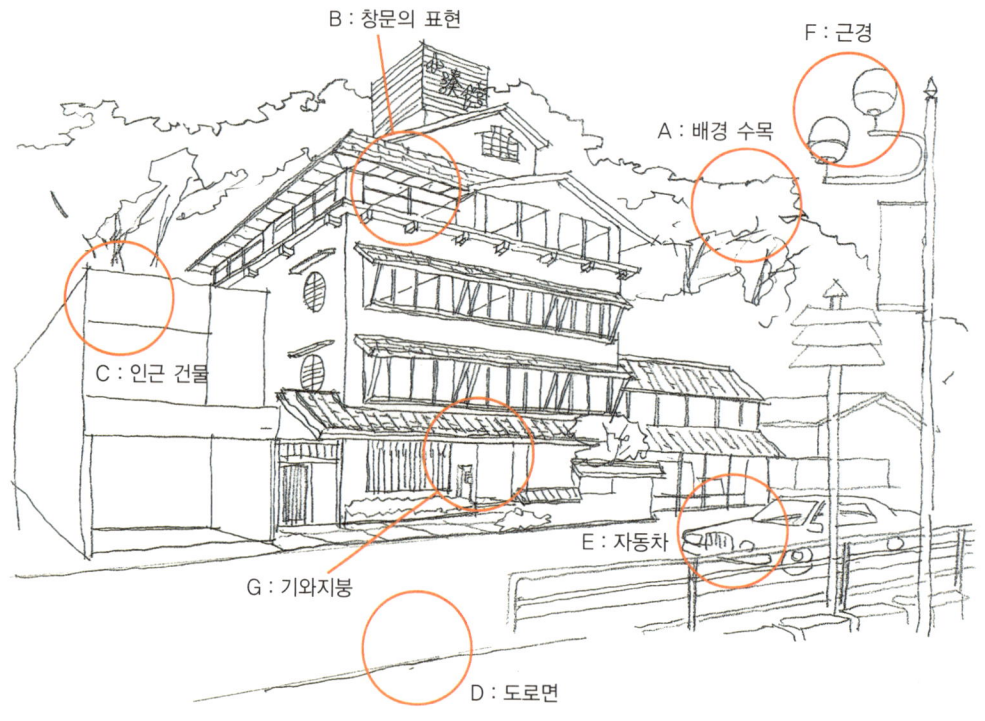

단선 투시도의 필기 용구는 볼펜, 연필, 가는 사인펜, 제도용 연필, 만년필 등 다양하지만, 보통 0.5mm 샤프펜슬이 사용하기 편하므로, 위 그림은 트레이싱페이퍼에 0.5mm 샤프펜슬로 정성스럽게 베낀 후 그것을 복사한 것이다.

Chapter 04

● 단선으로 된 투시도와 주의사항

A : 배경 수목

가까운 곳에 있는 나무를 그릴 때 세세한 표현이 필요하지만, 멀리 있는 나무는 간단하게 표현한다.

B : 창문의 표현

건물의 창문을 통해 내부가 보이므로 천장의 선이나 조명기구 등을 그리면 유리의 느낌을 살릴 수 있다.

C : 인근 건물

인근의 건물은 윤곽만 표현하는 등 되도록 생략해 목적의 건물이 도드라져 보이게 한다.

D : 도로면

도로는 어느 정도 표현하지 않으면 부자연스럽고 불안정한 투시도가 되므로 자주 사용하는 표현으로 건물이나 사람이 도로면에 반사되는 표현을 쓴다면 현실감을 더할 수 있으며, 노면이 젖어 있으면 차나 사람이 거울처럼 비쳐 보인다.

E : 자동차

자동차가 근거리에 들어가면 투시도의 스케일감이나 화면에 현실감이 생겨난다.

F : 근경

바다, 산, 강과 같은 자연의 풍경 스케치를 근거리, 중거리, 원거리의 세 단계로 표현하면 화면에 깊이가 표현되므로 풍경 스케치의 정석으로 되어 있다. 앞 페이지의 투시도에서도 근거리에 있는 조명과 건물 본체, 나무 등을 표현함으로써 투시도의 깊이를 표현했다.

G : 기와지붕

기와지붕은 일본식 건축에 빠질 수 없는 것이지만, 표현하기 어려운 재료의 하나이다. 기와의 형태는 몇 가지가 있다. 일본기와와 서양기와로 나뉘며 일본기와 중에도 둥근기와, 평기와 등이 있다.

Chapter 04

4-4 외관 투시도의 완성 예

● 2소점 투시도법에 의해 각 점을 찾아 밑그림을 완성한 예

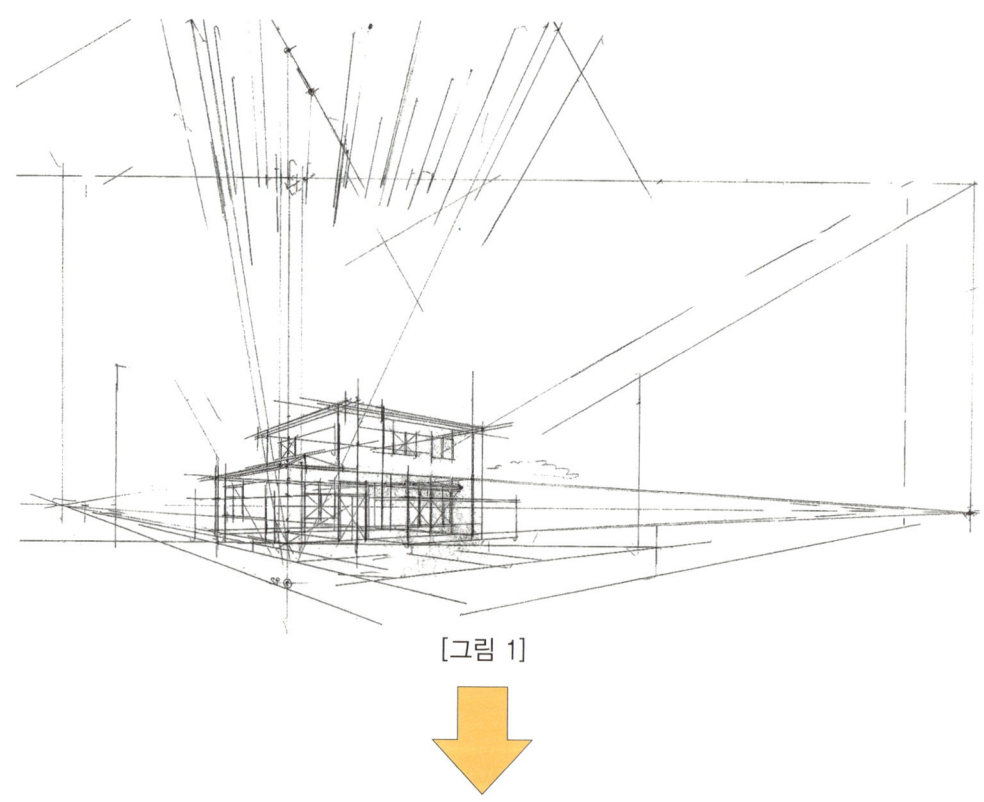

[그림 1]

● 트레이싱페이퍼를 올려놓고 본뜬 후 연필로 마무리한 예

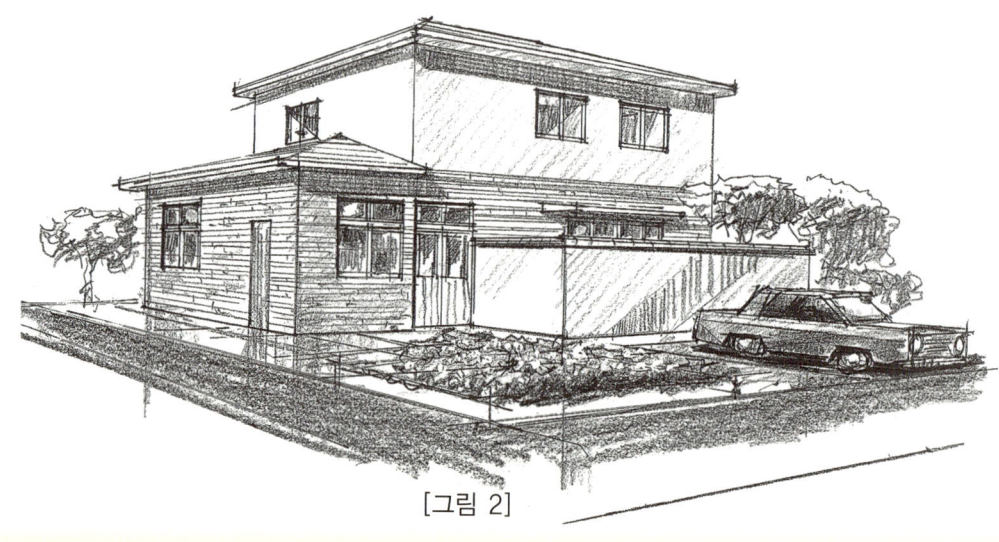

[그림 2]

Chapter 04

● 색연필로 완성한 예

[그림 3]

 투시도의 마무리 작업

　[그림 1]의 상태는 건축 각 부의 점을 취해 대략적인 밑그림을 완성한 투시도이다. 이 단계까지는 회화적인 기술은 전혀 필요하지 않은 제도작업이므로 2소점 투시도 그리는 방법을 알면 누가 그려도 [그림 1]의 상태와 똑같이 된다.
이 밑그림에 트레이싱페이퍼(tracing paper)를 올려 놓고 자를 이용하거나 그냥 자연스럽게 [그림 2]처럼 그린다. 여기에 그림자와 재질감을 표현하고 수목과 자동차 등을 그려넣으면 보다 현실감 있는 투시도가 된다.
[그림 3]처럼 색연필로 마무리할 경우, 맨 처음에는 연하게 그리기 시작해서 점점 진하게 그려간다. 처음부터 색을 진하게 칠하면 실패할 수 있기 때문에 이 점에 주의하기 바란다. 색연필은 몇 가지 색을 덧칠하면 깊이가 더해진다.

4-4. 외관 투시도의 완성 예

Chapter 04

　색연필로 연하게 마무리해 완성한 것으로 처음에는 되도록 연한 색으로 칠한 뒤 색을 점점 진하게 칠하는 것이 요점이다. 투명한 유리는 실내가 보이기 때문에 조명기구가 보이거나 천장이 보인다. 여기까지 완성하는데 반나절에서 하루 정도 소요된다.

이 투시도는 유성마커로 채색한 뒤 색연필로 음영과 재질감을 표현하기 때문에 색연필만으로 마무리하는 것보다는 시간이 걸린다. 완성까지는 1일에서 2일 정도가 소요되나, 외부 투시도 전문업체에 맡긴다면 1주일에서 2주일 정도는 걸리기 때문에 그에 비하면 빠른 투시도라 할 수 있다.

Chapter 04

색연필 마무리

도시호텔(city hotel)의 개·보수 제안 투시도(제작 : 약 1일)

건물이 큰 편이지만 색연필로 연하게 그린 투시도이기 때문에 색을 입히거나 음영을 넣는데 많은 시간이 소요되지 않는다.

파스텔과 색연필 마무리

여관의 개축계획제안 투시도(제작 : 약 2일)

큰 면은 파스텔로 연하게 칠하고 세세한 부분은 색연필로 칠했다.

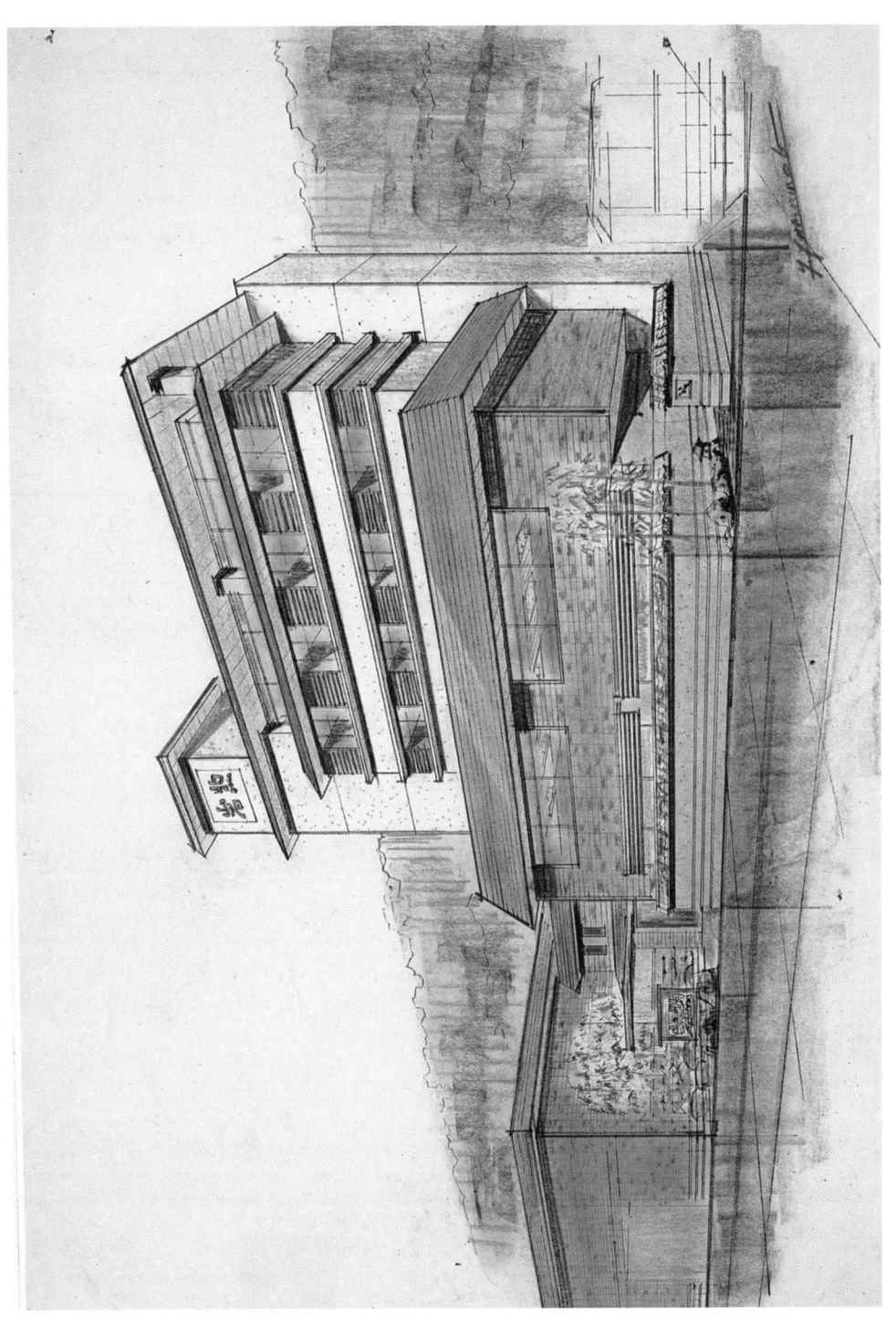

4-4. 외관 투시도의 완성 예

Chapter 04

4-5 빠른 스케치 외관 구조 투시도

　보통 외부 공간의 투시도에는 2소점 투시도를 이용하지만 이것이 외부 공간 일부가 되는 경우에는 1소점 투시도 기법을 사용하는데 그 이유는 그리는데 많은 시간이 걸리지 않기 때문이다. 이들 투시도에는 모두 1소점 투시도를 사용했고, 아래 투시도는 실제 고객 상담용으로 사용한 것이다.

● 열대 동물원 현관 주변 실내 보수 의견안

　트레이싱페이퍼(tracing paper)를 대고 그린 단선도 상태의 투시도(본을 뜨는데 약 15분 소요)

위 단선 도면에 EB연필로 음영이나 질감을 표현(약 30분 ~ 1시간)

주) EB란 Extra B의 약어이다. 차콜이 들어간 진한 검정 연필로 확실한 검정 선을 표현할 수 있기 때문에 투시도에 강약을 줄 수 있다.

● 관광지호텔(resort hotel) 카페테리아의 테라스

흑백 단선 도면에 EB연필로 음영을 넣었다(단선도+음영으로 약 4시간).

● 위 카페테리아의 보도

흑백(monochrome, 색 또는 그 밖의 한색만 사용해서 표현하는 단색화나 일러스트레이션)의 단선에 의한 도면에 EB연필로 음영을 가필(단선에 의한 도면+음영으로 약 30분에서 1시간).

Chapter 04

 지붕 모양 명칭
　지붕에 자주 사용하는 대표적인 모양이다. 알아두면 그림도 자연스럽게 그릴 수 있다. 이중 가장 자주 사용하는 형태는 '맞배지붕', '우진각지붕', '팔작지붕', '외쪽지붕', '평지붕' 등이다.

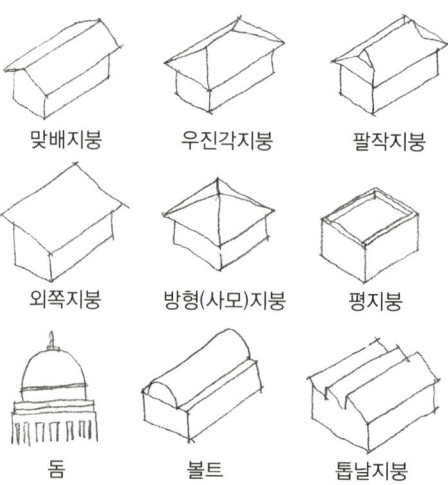

지붕의 재료
　기와지붕과 평지붕이 일반적이다.

5장 투시도의 완성을 결정하는 기교 모음

가구, 자동차, 수목, 인물 등 투시도의 배경이 되는 소재를 표현하는 방법과 음영, 거울면, 질감표현 등 건축 투시도를 그릴 때 중요한 기교(technique)를 알아본다. 이들의 표현 방법을 익혀 보다 현실감 있는 투시도를 목표로 해보자.

Chapter 05

5-1 창호(창문, 출입문)를 그리는 방법

실내 투시도와 건물 외관 투시도에서 출입문과 창문의 표현은 건축 투시도에서 빼놓을 수 없으므로 문과 창문을 표현하는 중요한 요점을 살펴본다.

● 창문 사진

미닫이 창은 보통 다음 사진과 같이 오른쪽 새시가 앞쪽에 온다. 왼쪽 새시가 안쪽에 있기 때문에 창틀에 진한 그림자가 발생하므로 창틀의 폭을 표현할 때도 사진을 참고하기 바란다.

● 창문의 건축적 위치

창문의 각 부분과 기본 치수이다.

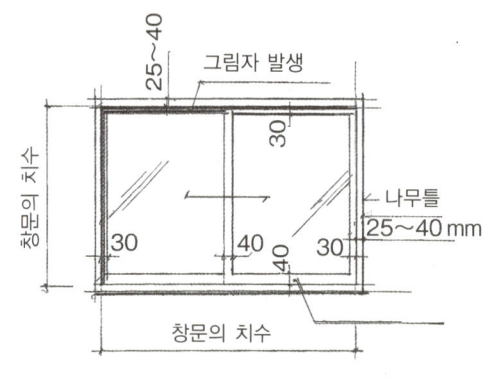

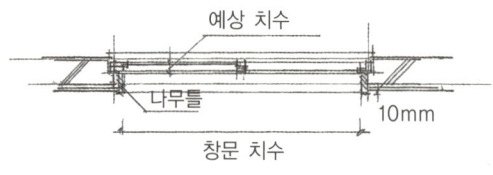

창문 치수는 일반적으로 틀의 안쪽 치수를 측정한다.

● 문의 건축적 위치

문의 각 부분의 명칭과 기본치수를 참고하기 바란다.

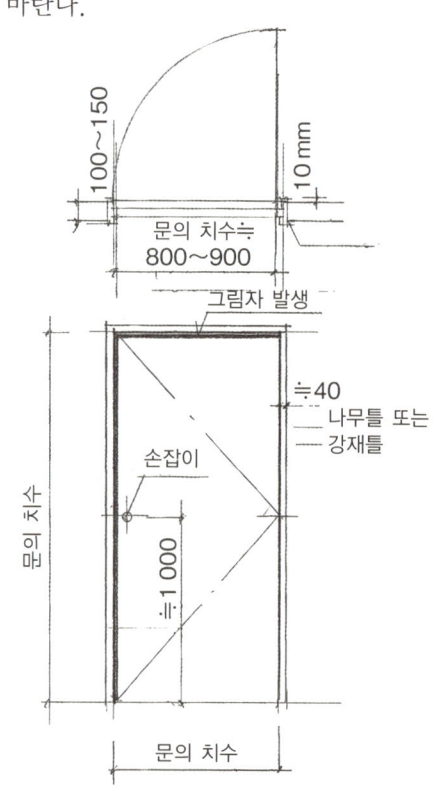

80 ■ 제5장 투시도의 완성을 결정하는 기교 모음

Chapter 05

● 미닫이 창문 그리는 방법

 창문의 외형을 그린다.

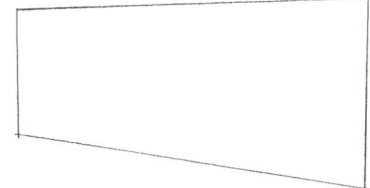

 대각선을 기준으로 창문의 중심을 나눈다.

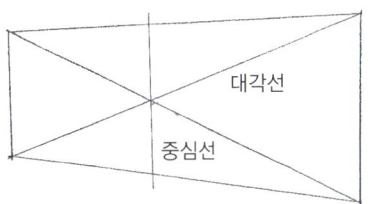

 창문의 알루미늄 부분은 벽면보다 약간 안쪽으로 들어가 있기 때문에 적당한 깊이를 표현하고, 미닫이의 중앙에 겹치는 부분을 그리며 평면도를 참고하기 바란다.

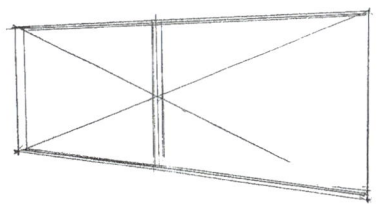

 미닫이 창은 왼쪽 미닫이가 오른쪽 미닫이보다 창틀 두께만큼 안쪽에 있다.

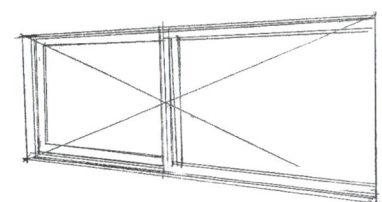

 알루미늄 창틀 바깥쪽에 폭 40mm 정도의 나무 창틀을 빙 둘러 완성한다.

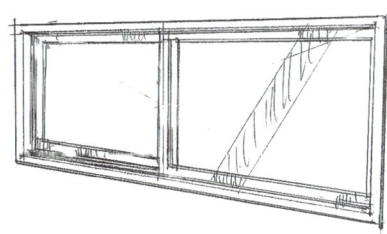

5-1. 창호(창문, 출입문)를 그리는 방법 ■ 81

Chapter 05

5-2 가구와 질감 묘사

● 가구는 입방체를 기본으로 세부사항을 정리해간다.

　의자뿐 아니라 가구는 모두 정육면체를 그려 그 안에 그려 넣으므로 가구의 외형 치수인 너비(W), 안길이 (D), 높이 (H)를 가구 카탈로그 등에서 찾아 그 정육면체를 그린 다음, 카탈로그의 사진을 보면서 그럴듯하게 마무리한다.

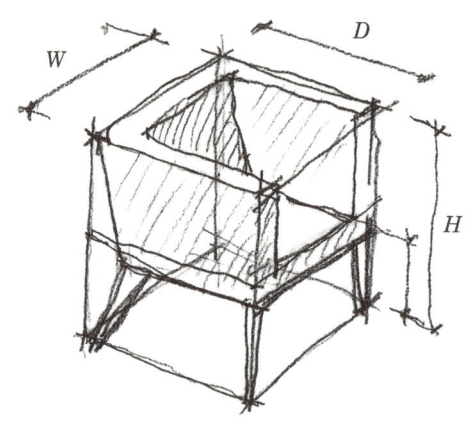 

● 원통형도 정육면체를 기준으로 그린다.

　탁상용 스탠드나 둥근 테이블, 좌식 테이블 등도 입방체 초안을 그린 다음 완성해간다.

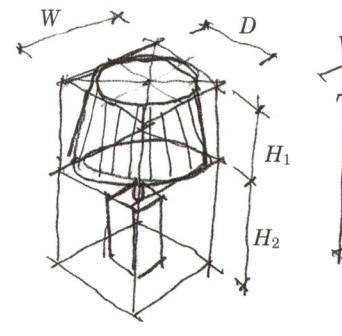 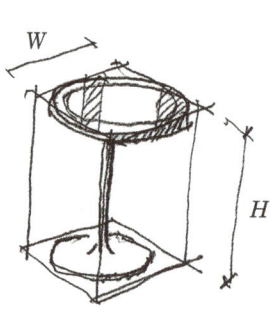 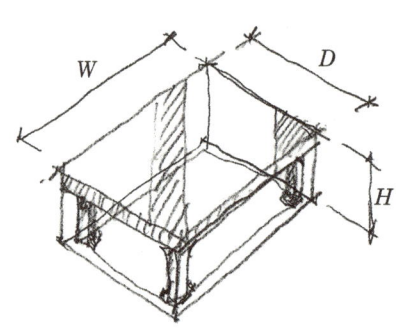

● 목제 가구의 질감 표현

　목제 가구는 색연필로 나무껍질 색을 칠하기만 하는 간단한 방법도 있지만 나뭇결이나 표면의 반사, 음영을 넣어주면 목제 가구의 질감이 표현되기 때문에 보다 현실감 있는 투시도가 된다.

　기본이 되는 나무 색을 연하게 칠한다(이것으로 완성하는 경우도 있다).

　나뭇결의 색을 덧칠한다. 테이블 위에 비친 꽃병의 흰색을 반사시킨다. 그리고 가구의 표면에 빛의 반사를 표현해준다(빛의 반사는 지우개로 색을 지운다).

　기본이 되는 나무 색을 연하게 칠한다.

　나뭇결의 색을 덧칠한다. 탁자(table) 위에 비친 꽃병의 흰색을 반사시키고 가구의 표면에 비치는 벽의 무늬를 표현한다. 등의 몸체(stand body)에 그림자를 넣어 곡면을 상세히 표현한다.

Chapter 05

5-3 유리 가구와 바닥재(flooring) 그리는 방법

🔆 유리 가구의 표현

최근 인테리어에서는 유리로 된 탁자(table)를 잘 사용한다. 투명 유리는 유리 맞은편에 있는 것들이 들여다 보이는데 사진을 통해 표현하는 방법을 연구해 보기 바란다.

● 유리 탁자 사진   ● 유리 탁자 투시도

   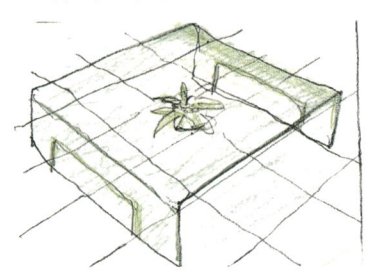

투명 유리 탁자 밑의 타일 줄눈이 비치고 유리 밑에 있는 조화도 보인다. 유리의 단면이 진한 녹색으로 보이며 앞쪽 구부러진 모서리가 일부 강하게 반사되어 강조(highlight)가 되었다.

● 유리 탁자 사진   ● 유리 탁자 투시도

유리 탁자를 떠받치고 있는 뼈대와 타일의 줄눈이 비쳐 보이고 유리 단면은 진한 녹색으로 되어 있으므로 투시도에 이들을 표현해 주면 유리 탁자임을 잘 나타낼 수 있다.

● 유리창 사진   ● 유리창 투시도

투명한 유리창 밖으로 물체가 보인다. 이 사진에서는 반사되어 있지 않지만, 거울처럼 비쳐 보이는 경우도 있다(이와 같이 투명한 유리의 경우, 보이는 것을 그대로 그려주면 투명임을 나타낼 수 있다).

Chapter 05

🔴 마루 바닥재의 표현

마루의 바닥재(flooring)나 비닐 타일 같은 바닥재는 물체를 반사하므로 반사되는 것을 표현해주면 재질감이 살게 된다.

단계 ❶ 바닥재를 엷게 칠한다.
원목 바닥재일 경우 한가지 색이 아니라 몇가지 갈색 나뭇결 모양이 있다.

바닥재에 옐로오커(yellow ocher) 계통의 색이 떠 있는 상태이다.

단계 ❷ 질감이 현실적으로 전해진다.
바닥재는 표면이 매끄러워 빛이나 벽 등을 반사하므로 색연필의 경우 그 부분을 지우개로 지우면 밝아지므로 빛을 반사한 상태가 된다.

창문에 비치는 빛의 반사를 표현해주면 재질감이 전달된다.

 비닐 시트를 붙인 마루 바닥이나 대리석

긴 시트 바닥재나 P타일(플라스틱계 타일)의 경우에도 표면이 매끈해 바닥재와 같은 정도이거나 그 이상의 반사가 생긴다(사진 참조). 화강석이나 대리석의 경우에는 거울면 효과가 더 강하게 나타난다. 이런 재질감을 더하면 투시도의 깊이가 생겨 현실감이 더욱 살게 된다.

5-3. 유리 가구와 바닥재(flooring) 그리는 방법 ■ 85

5-4 자동차를 그리는 방법

투시도에 자동차를 그려 넣으면 건축물의 현실감과 분위기를 한층 더 실감나게 전달할 수 있으므로 이번 장에서는 자동차를 그리는 방법을 소개한다.

단계 ① 자동차 외형의 높이를 나눈다.

보통 자동차의 경우 폭 1.8m, 길이 5m, 높이 1.4m의 직육면체를 그린 다음 높이를 3등분으로 나누면 아래부터 1/3의 높이가 범퍼의 상단이 되고, 아래부터 2/3가 보닛(bonnet)의 높이가 되며, 가장 높은 면을 루프(roof : 자동차의 윗부분에 씌우는 덮개 패널)로 한다.

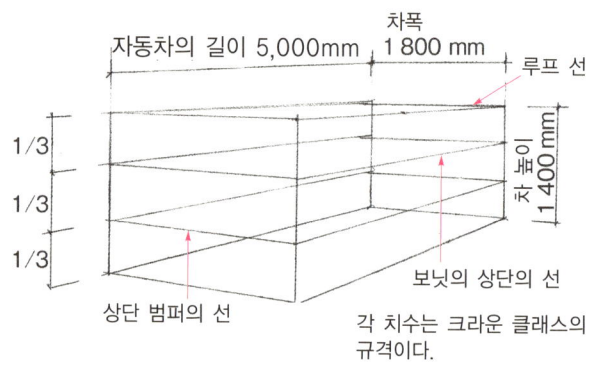

단계 ② 타이어를 앞뒤로 2개씩 배치한다.

적당한 크기의 바퀴 2개를 앞쪽에 그려 넣고 앞에서부터 두 번째 타이어가 앞바퀴 타이어(front tire)가 되며 두 번째 타이어의 뒷부분이 앞유리(front window)의 위치가 된다. 뒤에서도 2개의 타이어를 그린다. 이 2개의 타이어 경계 부분이 뒤에 있는 창의 위치가 된다. 뒤에서부터 앞쪽을 향하여 두 번째 타이어를 투시도상 뒷타이어 위치로 한다.

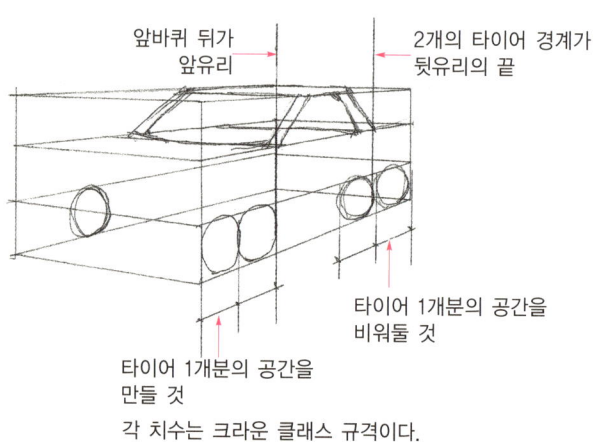

Chapter 05

 차의 형태를 바로잡아 간다.

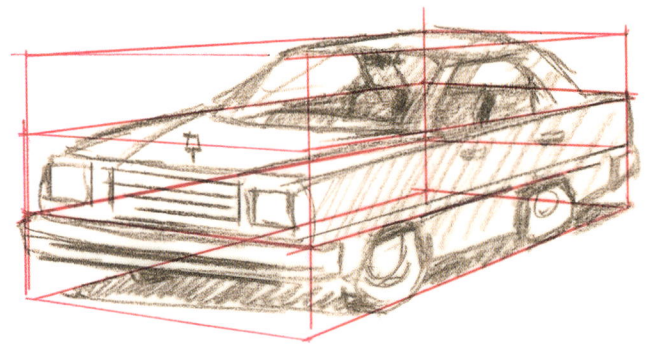

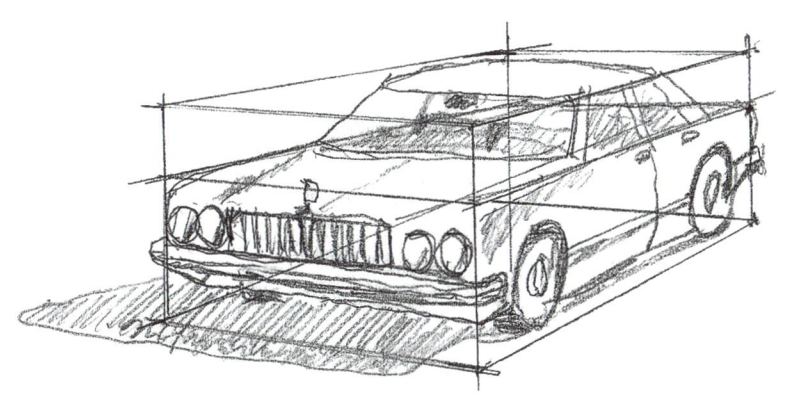

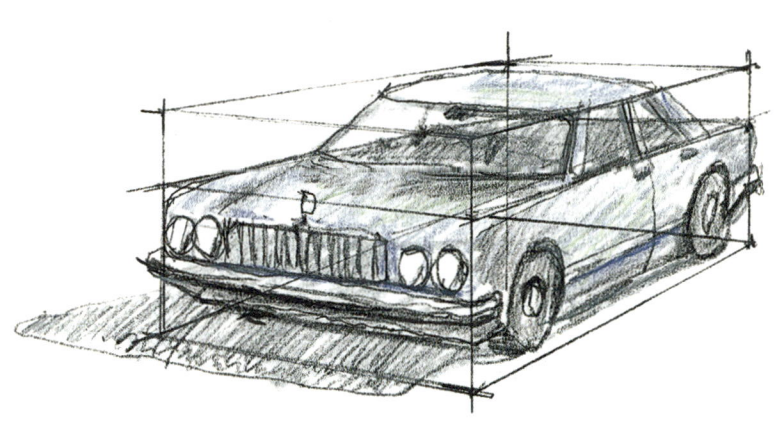

5-4. 자동차를 그리는 방법 ■ 87

Chapter 05

● **자동차의 질감 표현**

　자동차의 질감을 표현할 때 중요한 요점은 음영과 거울면이고, [사진 1]을 보면 대부분의 자동차 정면 유리 부분이 하늘의 반사를 받아 빛나고 있음을 알 수 있다. 옆면의 유리는 어둡고, 자동차의 아래 아스팔트 부분에 그림자가 확실히 드리워져 있다. 이상이 자동차의 질감을 표현할 때, 중요한 요점(point)이 된다.

[사진 1]

● **측면의 창과 휠 아치에 주의**

　정면 유리 부분은 상당히 밝게 반사되고 있고 보닛(bonnet)의 일부도 밝게 반사되고 있으며 옆면의 유리 부분은 어둡다는 것을 알 수 있다.

　차의 휠아치(wheel arch) 부분도 강한 음영이 발생하고, 휠 부분은 알루미늄(aluminum)이기 때문에 일반적으로 밝다.

[사진 2]

● 차체에 반사되어 비치는 현상

어두운 색의 차체는 사진과 같이 주변의 건물 등을 거울과 같이 비추기도 하고, 하늘을 비추어 밝은 반사가 생기기도 한다. 투시도에 이러한 표현을 해주면 현실감이 살아난다. [그림 1]과 [그림 2]를 비교해 보자.

● 단색 마무리

단선에 의한 도면에 간단한 색을 입혀 채색한 상태이다. 이것을 완성작으로 한다.

[그림 1]

● 비침 현상과 음영을 표현하면 현실감이 살아난다.

정면 유리와 보닛(bonnet) 부분의 밝은 반사, 어두운 부분, 휠아치(wheel arch)의 그림자, 도로면에 생긴 짙은 그림자를 다음과 같이 표현해주면 재질감이 살아난다.

[그림 2]

5-5 도로와 인물을 그리는 방법

● 아스팔트 도로의 표현

아스팔트 도로는 사진을 보면 알 수 있듯이 하늘이나 건물보다 진한 회색이고, 도로에는 건물이나 수목, 자동차의 그림자가 생긴다. 단, 역광상태일 경우에는 오른쪽 사진과 같이 건물이 어두워지고 도로는 반사되어 하늘의 명도와 같아진다. 투시도는 역광상태에서 그리는 일은 없기 때문에 일반적으로는 어둡게 표현한다.

아스팔트 도로면은 사진과 같이 어두운 색이다.

역광일 경우 도로는 반사되어 밝게 보인다.

● 젖은 도로의 표현

노면이 젖어 있을 경우에는 약한 거울면 현상에 의해 인물이나 건물, 자동차를 부분적으로 반사하기 때문에 투시도에 따라서는 건물 일부를 반사시켜 표현한다.

Chapter 05

● 멀리 보이는 풍경의 인물 표현

투시도에서 가장 어려운 표현이 바로 인물이므로 초보자는 되도록 옥내 투시도에 인물을 그리지 않는 편이 좋으나 건물의 외관 투시도에는 건물의 크기나 움직임을 표현하기 위해 인물을 표현하는 방법을 알아두어야 한다. 이런 경우에 인물은 멀리보이는 풍경 정도로 생각해서 생략하여 표현한다.

사진을 통해 알 수 있듯이 눈높이는 기준점으로 모여 있다. 앞쪽에서 멀어질수록 머리의 높이는 같지만, 다리가 짧아진다.

● 눈높이를 가지런히 한다.

눈높이, 소점을 향할수록 인물은 점점 작아진다.

● 남성은 윗옷 자락의 높이를 1/2로 한다.

남성의 경우 거의 한가운데가 재킷 자락의 위치가 되게 하고, 그림자를 그리는 것을 잊지 말아야 한다.

● 스커트 자락은 1/3 위치에 오게 한다.

여성의 경우 3등분하여 스커트 자락이 1/3의 위치, 윗옷 자락이 1/2~1/3가 되게 한다.

5-5. 도로와 인물을 그리는 방법

5-6 수목을 그리는 방법

투시도에 수목이나 관상용 식물은 필수요소(item)이다. 식물은 어디까지나 공간을 돋보이게 하는 역할을 하므로 세세하게 그릴 필요는 없지만 그릴 때 몇 가지 요점이 있다.

사진과 투시도로 요점(point)을 설명해보겠다. 건물 아래에 있는 수목들은 녹색이 아닌 미묘한 색깔의 차이를 보이고 가장 큰 요점은 음영이다. 사진을 보면 알 수 있듯이 햇빛이 위에서 비치기 때문에 맨 윗부분은 밝은 초록색이며, 나무의 아랫부분에는 진한 그림자가 드리워져 있다.

[사진 1]

도로 분리대에 있는 관목이다. 자세히 살펴보면 녹색 부분만 아니라 갈색도 들어가 있어 수목은 몇 가지 색을 더해주면 더욱 깊이감이 생긴다.

건물 주위에 있는, 다듬어놓은 상태의 관목이다. 윗부분은 밝은 녹색이고 옆면은 음영이 들어가 있다. 화단의 벽 타일은 한가지 색으로 되어 있는 것이 아니라 타일을 구울 때 생기는 얼룩이 있어 여러 색이 섞여 있다. 이것이 타일을 그리는 요점이다.

[사진 2]

[사진 3]

Chapter 05

● [사진 3]의 관목 그리기

단계 ① 단선으로 약간 진하게 밑그림을 그린다.

조금씩 선을 연결해가면서 전체를 그리고 다시 부분적인 선을 그리며, 타일은 줄눈을 그린다.

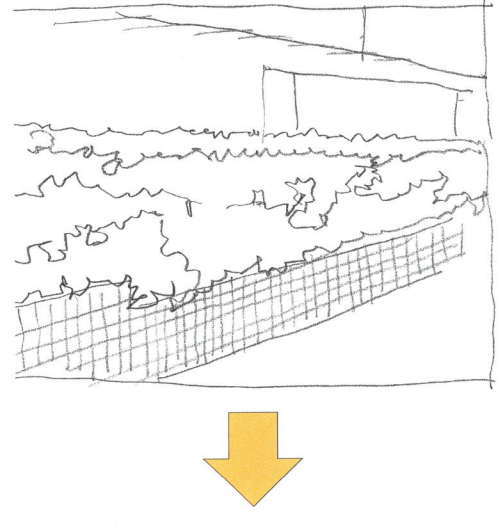

단계 ② 전체를 황록색으로 칠한다.

수목은 밝은 부분부터 색칠하고, 가장 간단한 담채의 경우 이렇게 마무리하는 경우도 있으며 타일과 바탕(base)이 되는 부분에 갈색을 옅게 칠한다.

단계 ③ 짙은 녹색을 덧칠해 음영을 넣는다.

사진을 통해 알 수 있듯이 수목의 그늘 부분은 진한 회색이나 진한 녹색으로 표현하고, 수목의 밑부분에는 그늘을 넣어준다. 타일 색도 몇 가지 오렌지 계열의 색과 회색으로 표현해주면 타일처럼 보인다.

5-6. 수목을 그리는 방법 ■ 93

Chapter 05

● 투시도에 자주 사용하는 수목 그리는 방법

빛이 닿는 부분은 밝게, 음영이 생기는 아랫부분은 어둡게 표현한다. 밝은 녹색, 어두운 녹색, 갈색이나 회색 등 3가지 색으로 표현하면 입체감과 깊이감을 살릴 수 있다.

단계 ❶ 수목을 대략적으로 표현한다.

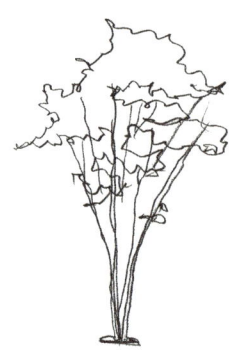

흑백 단선에 의한 도면의 경우에는 이것을 완성작으로 한다.

● 색연필로 표현한 예

단계 ❷ 밝은 녹색을 칠한다.

단순한 담채화의 경우에는 이 정도로 마무리한다.

● 마커로 표현한 예

단계 ❸ 그림자와 줄기를 칠한다.

더욱 진한 녹색이나 회색으로 음영을 넣으면 깊이와 입체감이 생겨 한 층 현실감이 더해진다.

● 마커와 색연필로 표현한 예

● 실내 표현에 자주 사용되는 화초

색연필 표현

마커 표현

● 실내 한쪽 구석이나 앞쪽에 놓으면 좋은 화초의 예

색연필 표현

마커 표현

5-7 음영

● 그늘과 그림자

'그늘'은 영어로 'Shade', '그림자'는 'shadow'라고 한다. '그늘'은 빛이 직접 닿지 않는 부분을 가리키며 지구를 예로 들어보면 밤이 된 지구의 상태이고, '그림자'는 빛이 물체에 닿거나 그 그림자가 되는 것으로 지구의 그림자가 달에 닿는 월식현상이라고 할 수 있다. '그늘'이 되는 부분은 어느 정도 빛의 반사를 받고 있기 때문에 '그림자' 보다 밝아야 하는 것이 원칙이다.

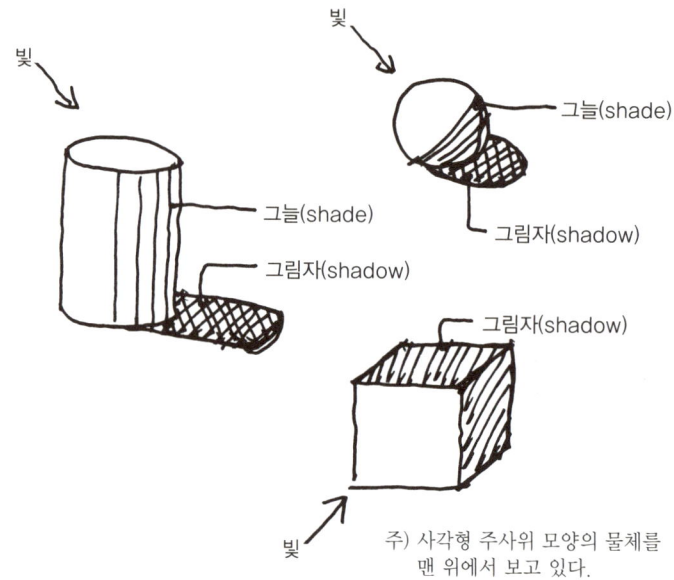

주) 사각형 주사위 모양의 물체를 맨 위에서 보고 있다.

● 음영의 기초지식

음영을 정확하게 그리려고 하면 매우 복잡하고 어려우므로, 투시도 전문가가 아닌 이상 높은 수준의 표현은 무리이고 시간도 걸리기 때문에 먼저 간단한 표현 방법을 살펴보겠다.

● 사진과 투시도로 음영을 설명한다.
아래 사진에서 어떤 음영이 생겼는지를 살펴본 뒤 그 특징을 파악해 투시도에 활용해보자.

A : 음영으로 책장의 기울기를 확실히 알 수 있다.
사진은 서적 진열장이고, 서적을 전시(display)하는 부분이 기울어져 있다. 테두리(frame)의 윗부분의 그림자가 기울어진 선반 위에 나타나 있으며, 옆면의 음영으로 책장의 기울기를 알 수 있다.

 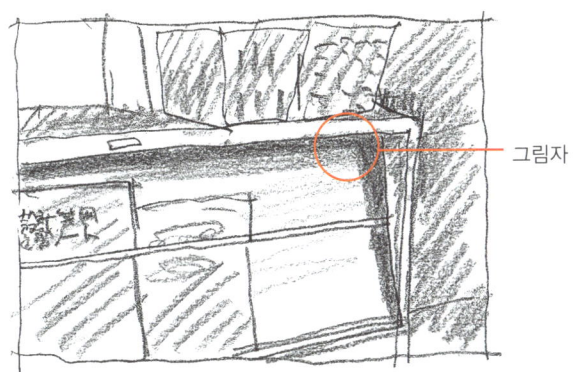

사진처럼 그림자를 그려주면 선반의 기울어진 정도를 짐작할 수 있다.

B : 그림자의 형태로 외벽면의 굴곡을 알 수 있다.
　사진에는 출입문이 외벽으로부터 들쭉날쭉한 상태에서 안으로 들어가 있는 경우에 그림자가 발생하고 천장 부분의 그늘도 포착할 수 있다. 천장의 그늘(shade)에 비해 그림자(shadow) 부분이 더 어둡다는 것을 알 수 있으므로 투시도에서는 이들 음영을 그려 넣어주면 한층 현실감이 있는 투시도가 된다.

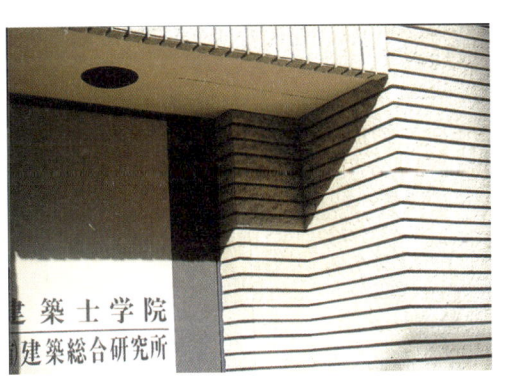 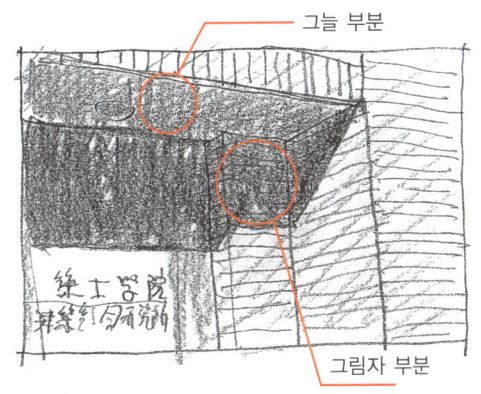

그림자를 보면 면의 구성이 보다 알기쉽게 전해진다.

Chapter 05

● 침대의 음영 표현

일반적인 가구처럼 직선으로 구성되어 있는 것들은 선으로 표현하는데 사진과 같이 침대의 윗면과 측면의 코너 부분에는 선이 잘 생기지 않는 것이 특징이므로 투시도와 같이 침대의 측면을 음영으로 표현한다.

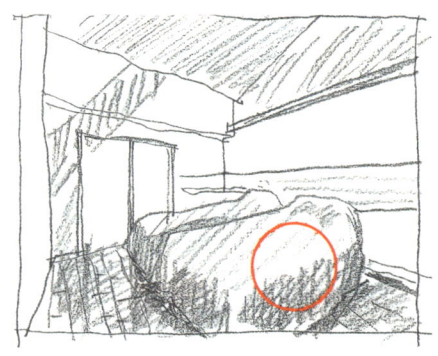

● 곡면의 표현

사진에서 외벽의 곡면에는 음영이 단계적(gradation)으로 발생하므로 음영상태를 투시도에 표현하면 곡면이라는 것을 확실히 알 수 있다.

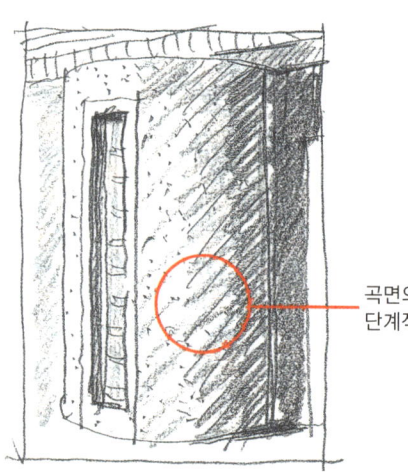

곡면의 음영은 단계적으로 된다.

● 자동차 밑에는 짙은 그림자가 만들어다.

사진처럼 자동차 밑의 노면에는 반드시 이런 진한 그림자가 발생하는데, 이것을 표현하면 더욱 존재감이 부각된다.

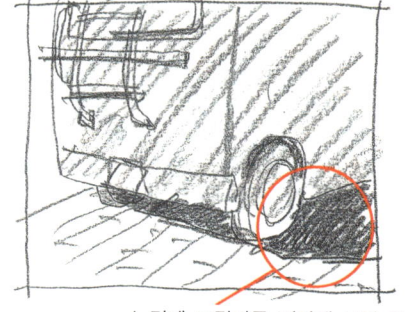

노면에 그림자를 진하게 그릴 것

Chapter 05

● 그림자로 울퉁불퉁한 표면임을 알 수 있다.

사진은 고속도로의 틈새로 보이는 외벽이 곡면인 호텔이다. 맨 위층의 유리창에 진한 그림자가 있어 창문이 외벽보다 안쪽으로 들어가 있다는 것을 알 수 있고, 화면 왼쪽에 햇볕이 비치고 빛이 닿아 오른쪽으로 갈수록 벽에 진한 그림자가 생긴 것으로 보아 외벽이 곡면상태임을 알 수 있다.

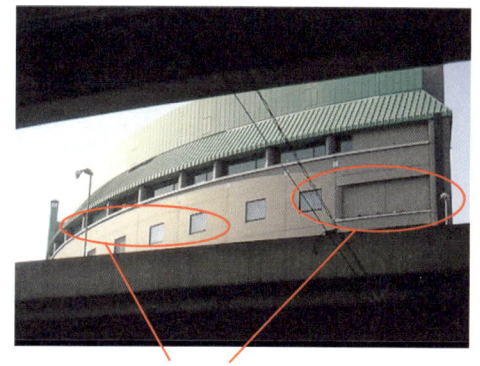

이처럼 곡면일 때는 빛이 강하게 닿는 부분과 약한 부분이 발생한다.

강한 그림자로 창이 안쪽으로 들어가 있다는 것을 알 수 있다(창문의 그림자와 외벽 곡면의 그림자 상태).

● 높은 층일수록 밝다.

사진에는 화면 왼쪽에 두 빌딩이 보인다. 중앙에 있는 빌딩의 유리창은 위층으로 올라갈수록 하늘을 반사해 밝고, 왼쪽에 있는 빌딩은 어두운 음영으로 인해 발코니 부분이 튀어나와 있음을 알 수 있다.

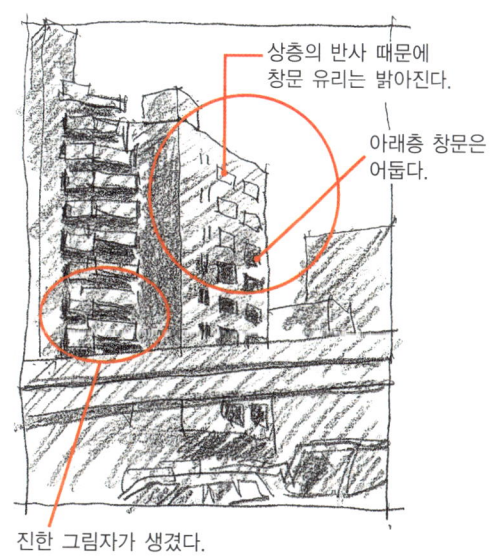

상층의 반사 때문에 창문 유리는 밝아진다.

아래층 창문은 어둡다.

진한 그림자가 생겼다.

5-7. 음영 ■ 99

Chapter 05

5-8 거울면의 상태

투시도에서 거울면 상태가 발생하는 경우가 있다. 연못이나 강, 바다 등을 표현할 때 생기는데, 실내 투시도에는 거울이나 반들반들하게 다듬어진 돌, 그리고 타일이나 플로링 등의 바닥재에서 거울면 상태를 볼 수 있으므로 이를 투시도에 표현해주면 한층 현실감이 높아진다.

● 거울면을 그리는 방법

원주와 입방체가 있다. 이들 물체를 거울 위에 올리면 아래 그림처럼 비치나 물체의 윗면은 비치지 않는다. $a=a'$ 가 된다.

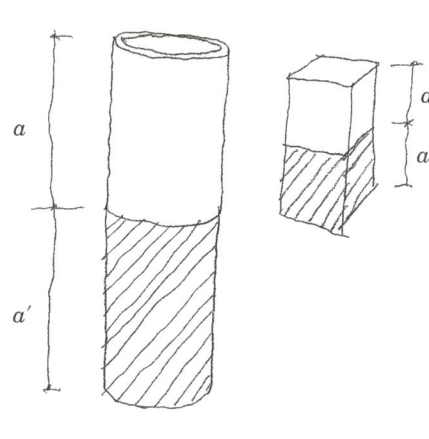
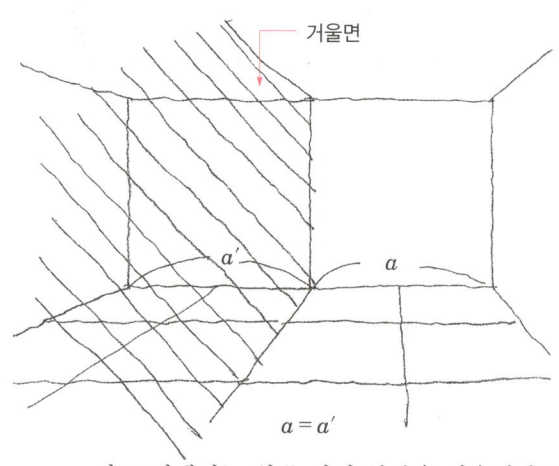

이 그림에서는 왼쪽 사선 부분을 거울이라고 하면 $a=a'$ 로 모양이 비친다.

● 수면에 비친 빌딩

빌딩이 비쳐 보이는 것을 통해 수면이라는 사실을 알 수 있고 빌딩의 형태가 확실하게 비치는 점으로 보아 수면이 잔잔하다는 것도 알 수 있다.

● 항만의 해수면 위에 비친 건축물
수면에 비친 건물의 상태를 통해 수면이 잔잔한 상태임을 알 수 있다.

● 실내의 거울과 바닥 타일

　이 실내 투시도에는 왼쪽 벽면에 거울이 있음을 알 수 있고 바닥에 약간의 거울면 현상이 있는 것으로 보아 대리석이나 타일을 붙인 것임을 짐작할 수 있으며 이처럼 거울면의 표현은 투시도에서는 중요한 기교(technique)이다.

Chapter 05

만화와 투시도
　투시도는 만화에서도 빼놓을 수 없는 기법이다.
　주변에 있는 만화를 보면 알수 있지만, 도로 모퉁이 풍경이나 실내 배경, 교통과 관련된 다양한 장면이 모두 투시도법으로 표현되어 있다. 그 투시도 기법을 살펴보면 1소점 투시도와 2소점 투시도 그리고 화면을 과장하는데 적절한 3소점 투시도 등 다양한 기법이 사용된다. 그 중에서도 사진을 찍은 듯 정확하게 표현한 것도 있다. 이 책에서는 어디까지나 건축 투시도가 주체이지만, 오히려 투시도는 만화가에게 필요한 표현기술이라고 할 수 있다. 만화로 보는 투시도의 경우 대부분은 흑백의 선으로 상황을 설명하는 투시도이기 때문에 만화의 투시도 기교(technique)는 이 책에서 다루는 3시간 만에 빠르게 그려내는 투시도에 좋은 표본이 될 것이다. 이와 같은 시점에서 만화를 바라본다면 새로운 재미를 더할 수 있을 것이다.

6장 투시도를 잘 사용하는 방법

건축의 평면도는 설계나 시공을 목적으로 작성되기 때문에 집기 비품은 표현하지 않는 것이 일반적이고, 설비를 위한 부호나 다양한 치수가 평면도에 기재되어 있어 전문적인 지식이 없는 사람이라면 이 평면도를 봐도 내용을 파악하기 어렵다. 그래서 보기 쉽게 한 것이 평면도를 가공하는 표현 방법이다. 즉 평면도에 가구나 바닥재를 그리기도 하며 그늘로 입체감을 표현하거나 평면도를 투시도화 하는 기법이 있다. '그래픽화된 평면도'와 '투시도'의 조합에 의해 완성된 이미지를 고객들에게 직접 전달하는 방법이 발표 기법(presentation technigue)으로 널리 사용된다. 실제 사례를 토대로 기법을 설명한다.

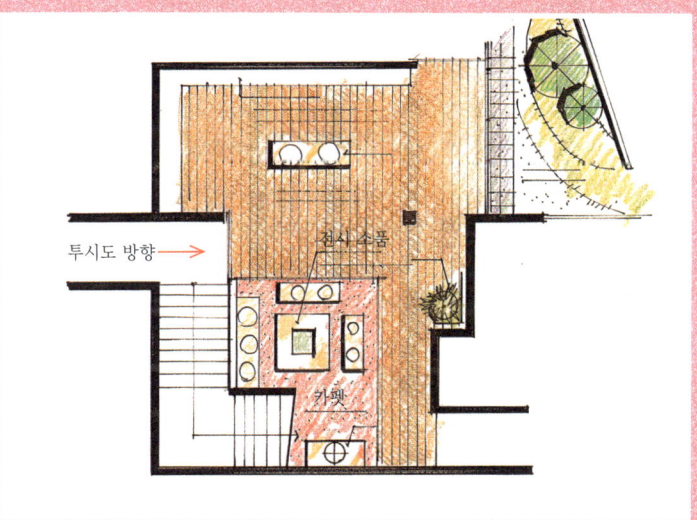

Chapter 06

6-1 평면도를 회화식(graphic)으로 가공

평면도에 가구를 그리고 보기 쉽게 하기 위해 채색을 하기도 하고, 음영을 넣기도 하며, 재질감 등을 표현하기도 하는데, 크게 두 가지 기법으로 나뉜다.

하나는 가구를 그리고 바닥에 색만 칠해 마무리하는 간단한 회화(graphic)화이고, 다른 하나는 가구에 음영을 넣거나 투시도 기법을 더한 것이다.

가구를 그리고 바닥에 색만 칠해 마무리하는 간단한 회화화

아래는 호텔의 객실 도면의 인테리어를 이해하기 쉽게 가구를 그려 넣고 색을 칠한 수준의 도면으로 작성하기까지 상당한 시간이 소요되기 때문에 익혀두면 유용하다.

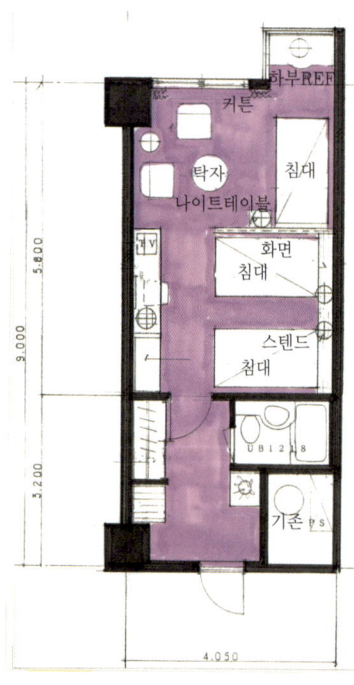

일반적인 평면도 :
오른쪽 평면도는 건축의 일반도라고 불리는 도면으로, 건축사나 설비의 설계자 또는 구조 전문가용이기 때문에 전문적인 지식 없이는 알아보기 어렵다. 그래서 고객(건축주)이 한눈에 알아보기 쉽게 만든 것이 '6-1 평면도를 회화식(graphic)으로 가공'하는 기술이다.

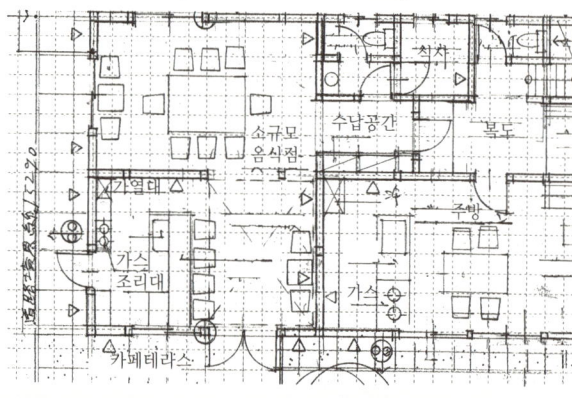

Chapter 06

🎯 가구에 음영을 넣거나 투시도법을 더한 것

평면에 가구나 바닥 재질을 그려 투시도처럼 처리했으므로 평면도이면서 동시에 입체적인 공간의 이미지가 전해지기 쉬워 고객 제안용으로 사용되는 기법이다.

 제작 포인트
1. 마루의 줄눈을 그린다.
2. 가구를 그리고 색을 칠한다.
3. 가구에 음영을 넣고 입체를 강조한다.
4. 가구의 강조(highlight) 부분을 흰색(white)으로 그린다(강조 부분은 지우개로 지우거나 수정액을 이용한다).
5. 필요에 따라 실내 수목을 그려 분위기를 연출한다(실내 수목에도 그림자를 그려, 입체적으로 표현한다).
6. 벽을 검정색으로 칠해 공간을 쉽게 구분할 수 있도록 한다.

Chapter 06

6-2 평면도와 투시도의 조합 : 실제 사례집

● 여관 개·보수(remodeling) 제안 예(평면계획)

평면도에 가구를 배치하고 바닥재를 그리고, 가구가 없는 바닥 부분을 채색해 음영을 넣어 입체감을 연출한다. 이 그림의 경우 가구를 흰색으로 표현하고, 뜰이 있는 경우 수목도 채색하고 그림자를 넣는다.

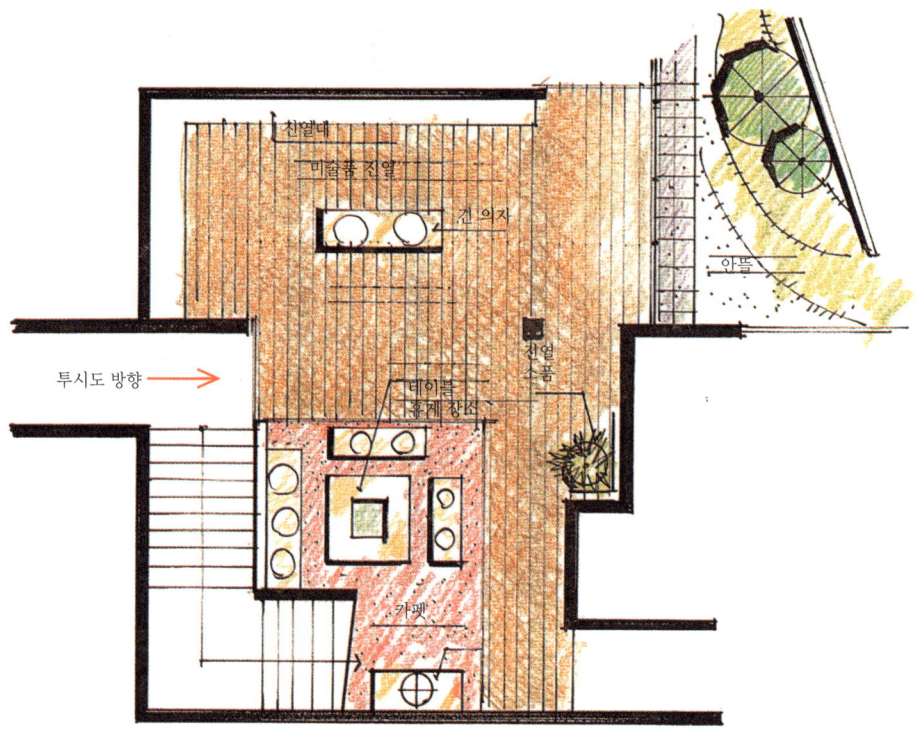

일반적인 평면도에 비해 이처럼 회화(graphic)화된 평면도는 보기 쉽고, 이해하기 쉬워 고객 제시용으로 선호도가 높다.

● 개·보수(remodeling) 제안용 투시도화(단시간 투시도)

평면도 왼쪽 복도(평면도의 투시도 방향)에서 붙박이 화로 탁자(table)가 놓여 있는 휴식공간과 정원을 바라본 1소점 투시도이다. 연필과 EB연필로 음영과 재질을 표현한 단시간 투시도이다.

 이와 같이 알아보기 쉽게 가공된 평면도와 투시도가 있다면 개·보수한 뒤 정확히 어떤 분위기가 될지 고객에게 전달되므로 완성된 것이 처음 생각하고 있던 분위기와 달라 발생하는 분쟁(trouble)을 사전에 방지할 수 있다. 이런 간단한 투시도라 해도 있는 것과 없는 것은 큰 차이가 있다는 것을 보여주는 실제 사례이다.

Chapter 06

● 외관의 회화화

　노천탕의 외관을 보기 쉽게 회화(graphic)화한 것으로 외부공간도 투시도처럼 채색하거나 음영을 넣어 이미지가 쉽게 전달되도록 평면을 가공하면 위에서 바라본 투시도라고 할 수 있다. 미국의 조경 디자인 표현에서는 오래 전부터 사용되어오던 표현 기법이다.

노천풍경평면상세도 1/100

● 노천탕 투시도

　회화화된 평면도와 투시도에 의해 계획의 개요가 고객에게 바로 전달되기 때문에 발표(presentation)에 꼭 필요한 기교(technique)라고 할 수 있다.

● 실내 대욕탕 투시도
여기서 사용한 그림은 모두 유성마커와 색연필로 그렸다.

6-2. 평면도와 투시도의 조합 : 사례집

Chapter 06

● 여관 노천탕 발표(presentation) 예

회화(graphic)적으로 된 평면도와 투시도로 계획의 개요를 시공주에게 제안한 실제 사례이다.

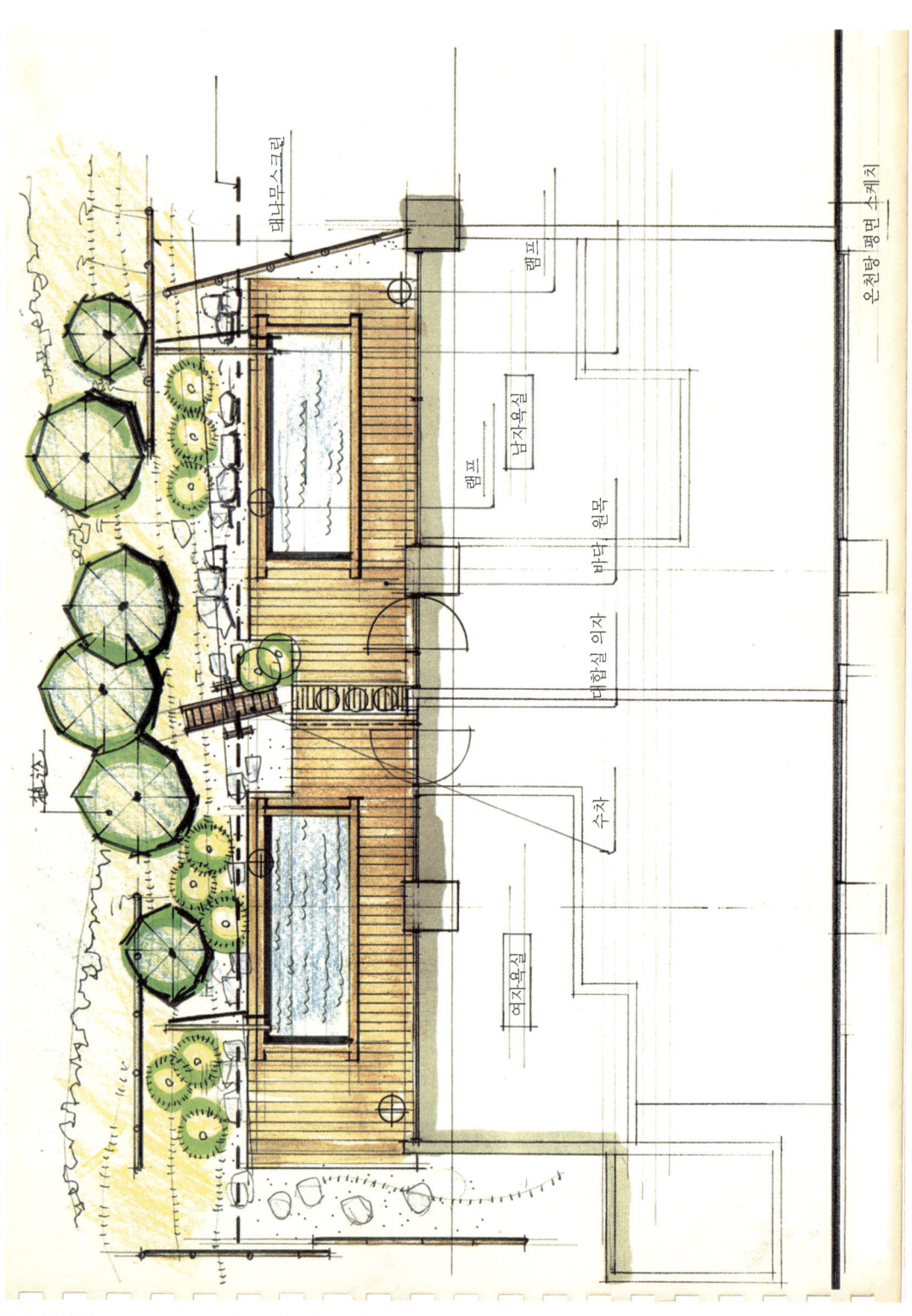

마커와 색연필로 마무리했고, 색연필은 덧그리기 쉬운 프리즈마 컬러가 사용하기 좋으며 제작하는데 디자인 검토시간을 포함해 1주일 정도 소요되었다.

6-2. 평면도와 투시도의 조합 : 사례집

Chapter 06

투시도와 개념(image) 정착 이야기

　누구나 한 번쯤은 회의에서 아이디어를 내놓아야 하는 상황을 경험해보았을 것이다. 그런데 이때 누군가가 맨 처음으로 제안한 아이디어가 있으면 그 안이 머리에 박혀 좀처럼 다른 아이디어가 떠오르지 않는 일이 있다. 흔히 이런 현상을 가리켜서 '개념의 정착'이라고 한다.
　투시도를 제작할 때도 종종 이러한 사태가 발생한다. 맨 처음 투시도에 구애받다 보면 다른 안이 나오지 않아 결국 처음 내놓은 투시도 안으로 결정하는 일이 흔히 있는데 이 투시도를 그릴 수 있는 사람은 대형 설계사무소에도 많지는 않다. 투시도가 그림으로 완성되면 잘 그렸는지 못그렸는지는 누구나 알 수 있기 때문에 동료가 놀리거나 지적하지 않을까 염려해 좀처럼 투시도에 손을 대지 않는 사람이 많기 때문이다. 반복해서 강조하지만, 처음에는 서툴러도 괜찮다. 꾸준히 그려가다 보면 작업 속도도 점점 빨라지고 능숙하게 그릴 수 있는 날이 온다. 다소 서툴러도 그것으로 돈을 버는 투시도 전문가가 아니기 때문에 대담하게 나서기 바란다. 능숙하지 않아도 도면보다 알기 쉬우면 고객으로부터 당신의 투시도가 선택받게 되는 결과도 있을 수 있는 일이다.

7장 단시간에 투시도를 정복하다

이 장에서는 지금까지의 투시도에 시간을 더 들여 완성한 작품을 소개한다. 투시도를 전문회사에 맡기면 보통 2주일 이상 걸린다. 여기서 소개하는 투시도는 설계자가 직접 디자인하면서 3~4일 정도 만에 그린 단시간 투시도이다. 수채를 사용하면 단면이 지저분해지거나 시간이 걸리기 때문에 일절 사용하지 않았다. 1소점 투시도로 그린 것을 복사하여 그 위에 마커와 색연필로 직접 그린 것이다.

이 장에서 소개하는 투시도는 지금까지 설명한 기법에 더 시간을 들여 고객 설득용으로 그렸고, 연습을 하면 누구라도 그려낼 수 있으므로 음영이나 재질감의 표현 등을 참고하길 바란다.

Chapter 07

7-1 질감과 음영으로 현실감을 높인다

● 제작 시간 : 25시간(1소점 투시도)

마커와 색연필을 이용해 그린 여관 특산품 매장 투시도이다. 상품 진열 소품이 많아 투시도 제작에 시간이 걸렸고, 유성마커로 그린 다음 부드러운 유성색연필로 격조를 높였다.

Chapter 07

● 제작 시간 : 30시간

관광지호텔(resort hotel) 안에 딸린 고급요리 전문점이다. 114page처럼 마커와 색연필을 사용했고, 실제로 시공된 계획안(project)으로 화면의 가운데에 있는 정원은 삭제되었지만, 한국의 전통적인 디자인은 채택되었다.

7-1. 질감과 음영으로 현실감을 높인다

Chapter 07

7-2 합성사진을 투시도로 활용

　이것은 합성사진이라고 하는데, 처음에 그리고 싶은 앵글로 사진을 찍은 다음, 그 사진 위에 트레이싱페이퍼(tracing paper)를 올려놓고 바꾸고 싶은 부분의 외벽을 그렸다. 실제로 고객은 이 합성사진을 마음에 들어 했고 이대로 개·보수(remodeling)를 결정했다.

나라야여관 외벽 개·보수 공사　　　　　　　　　　　호텔여관리서치

● 공사하기 전 사진

7-2. 합성사진을 투시도로 활용

7-3 컴퓨터 그래픽과 투시도 기술

  이 장에서 그린 컴퓨터 그래픽(computer graphic;CG)은 완성하는데 각각 2주일 이상 걸렸다. 따라서 시간이 날 때마다 틈틈히 할 수 있는 간단한 일이 아니다. 컴퓨터 그래픽의 경우 CAD와 같은 디지털이므로 세세한 부분까지 디자인을 상의해 결론을 내지 않으면 그릴 수 없다. 컴퓨터라고 하지만 데이터 입력에 많은 시간이 소요되며 표현(rendering)하는데도 번거로운 점이 많다. 작성하는데 시간이 걸리는 만큼 작품의 완성도는 손으로 그리는 투시도의 수준을 넘어서 마치 준공사진에 가까우므로 무료로 서비스해 줄 수 있는 것이 아니다.

  사용한 프로그램은 'Shade'라고 하는 소프트웨어로 그렸지만, 그래픽 소프트가 있으면 누구나 그릴 수 있는가 하면 그렇지도 않다. 재질의 질감표현 설정이나 음영, 광선의 설정은 컴퓨터 그래픽 소프트웨어가 자동으로 해주는 것이 아니므로 투시도에 대한 지식이 없으면 완성도 높은 컴퓨터 그래픽 투시도를 그릴 수 없다.

● 여관 객실의 예

Chapter 07

● 관광지호텔(resort hotel) 휴식공간(launge) 개·보수(remodeling) 계획

완공된 후의 분위기가 현실적으로 전해지기 때문에 큰 계획안(project)일수록 이러한 모의실험(simulation)이 필요하다.

● 관광지호텔 객실의 예

호텔 객실의 경우, 같은 타입의 방을 많이 만들기 때문에 첫 단계에서부터 상세한 부분까지 확실히 하지 않으면 큰 문제가 발생할 수 있으므로 투시도나 모델룸을 만들어 보고 실제 공사에 들어간다.

설계 : 건축총합연구소

마지막으로

　매매가 주목적인 주택이나 아파트는 컴퓨터 그래픽이나 투시도를 전문가에게 맡겨, 건물의 완성 상태를 확인한다. 그러나 주방이나 화장실과 같은 작은 공간을 개조할 때는 투시도까지는 그리지 않는 것이 대부분이어서 평면도만으로 완성 후의 모습을 상상하는 수밖에 없다. 이러한 상상은 때로 엇갈리는 일이 생길 수 있다.

　작은 규모의 공사라 해도 투시도로 확인할 수 있는 것은 시공주나 디자이너에게 장점(plus) 요인은 있어도 단점(minus) 요인은 없다. 그런 의미에서 간단한 그림이라도 일하는 틈틈이 그려 업무에 활용하기를 바라는 마음에서 이 책을 집필한 것이다. 이 책을 통해 투시도가 업무에 도움이 되길 바란다.

야마모토 요우이치

1급 건축사, 건축종합연구소장
1948년 도쿄 출생
1972년 메이지대학 건축학과 졸업
1973년 관광 기획설계사 입사
1985년 (유) 건축종합연구소 설립
1996년 건축사학원설립 이후 현재에 이른다.

바로 그릴 수 있는
3시간 투시도 테크닉

2015. 11. 27. 초판 1쇄 인쇄
2015. 12. 10. 초판 1쇄 발행

지은이 | 야마모토 요우이치
감 역 | 정하정
옮긴이 | 신미성
펴낸이 | 이종춘
펴낸곳 | BM 주식회사 성안당

주소 | 04032 서울시 마포구 양화로 127 첨단빌딩 5층(출판기획 R&D 센터)
     | 10881 경기도 파주시 문발로 112(제작 및 물류)
전화 | 02) 3142-0036
     | 031) 950-6300
팩스 | 031) 955-0510
등록 | 1973.2.1 제13-12호
출판사 홈페이지 | www.cyber.co.kr
ISBN | 978-89-315-7899-7 (13650)
정가 | 13,000원

이 책을 만든 사람들
책임 | 최옥현
진행 | 염병문
본문 디자인 | 김인환
표지 디자인 | 박원석
홍보 | 전지혜
국제부 | 이선민, 조혜란, 신미성, 김필호
마케팅 | 구본철, 차정욱, 나진호, 이동후, 강호묵
제작 | 김유석

이 책의 어느 부분도 저작권자나 BM 주식회사 성안당 발행인의 승인 문서 없이 일부 또는 전부를 사진 복사나 디스크 복사 및 기타 정보 재생 시스템을 비롯하여 현재 알려지거나 향후 발명될 어떤 전기적, 기계적 또는 다른 수단을 통해 복사하거나 재생하거나 이용할 수 없음.

※ 잘못된 책은 바꾸어 드립니다.